烟草种子生产加工

Production and Processing of Tobacco Seeds

玉溪中烟种子有限责任公司　编著

科学出版社

北　京

内 容 简 介

本书是玉溪中烟种子有限责任公司的科技工作者集成 15 年来在烟草种子生产、加工、质量控制等方面的研究成果，结合我国烟草种子科技实践的基础上撰写而成。内容包括绪论、烟草种子生产的基本理论、烟草种子生产基地的建设与管理、烟草种子的田间生产、烟草种子的精选、干燥及贮藏、烟草种子的加工、烟草种子质量控制、烟草种子管理与经营共八章，并附录有相关标准。

本书是一本科学性和实用性强、系统全面的教研参考书，可供烟草种子工作者、烟草农业生产人员、大专院校相关专业师生阅读参考。

图书在版编目（CIP）数据

烟草种子生产加工/玉溪中烟种子有限责任公司编著. —北京：科学出版社，2017.2
ISBN 978-7-03-051581-0

Ⅰ. ①烟… Ⅱ. ①玉… Ⅲ. ①烟草–种子处理 Ⅳ. ①S572.02

中国版本图书馆 CIP 数据核字(2017)第 016731 号

责任编辑：王 静 李 迪 闫小敏 / 责任校对：李 影
责任印制：肖 兴 / 封面设计：刘新新

科 学 出 版 社 出版
北京东黄城根北街 16 号
邮政编码：100717
http://www.sciencep.com

中国科学院印刷厂 印刷
科学出版社发行 各地新华书店经销
*

2017 年 2 月第 一 版 开本：787×1092 1/16
2017 年 2 月第一次印刷 印张：14
字数：330 000

定价：168.00 元
(如有印装质量问题，我社负责调换)

《烟草种子生产加工》编委会

主　　编　邵　岩

副 主 编　马文广　胡　晋

编写人员（按姓氏笔画排序）

　　　　　牛永志　邓盛斌　古　吉　李元君

　　　　　杨晓东　宋碧清　陈云松　郑昀晔

　　　　　索文龙　钱国双　潘　威　潘　磊

前　　言

种子是农业生产的源头和基础，优质种子及其配套生产加工技术是农业生产技术水平的重要体现。国家烟草专卖局高度重视烟草种子技术和种子管理，2001 年批准成立了玉溪中烟种子有限责任公司，专门负责烟草种子的技术研发、生产加工、销售服务等工作。

15 年来，公司以服务卷烟工业和烟叶生产为宗旨，致力于烟草种子生产、加工技术创新与科技成果转化应用，在烟草种子生产、加工、质量控制及提高包衣丸化种子综合耐抗性等方面取得了一系列重大技术突破，形成了适用、高效、科学、先进的烟草种子生产加工技术体系，有效促进了烟草农业的"减工、降本、提质、增效"和行业的可持续发展，为本书的编著打下了坚实基础。

《烟草种子生产加工》共有八章二十六节，涵盖了烟草种子生产加工基本理论、种子基地建设、生产加工技术、种子质量控制、种子销售及管理等方面的内容，系统阐述了烟草雄性不育系种子生产、介质花粉工业化、种子引发、催芽包衣丸化、种子质量控制与追踪等关键技术和最新研究成果，并以附录补充了现行烟草种子生产加工技术标准。本书的出版发行，将为烟草种子工作者及相关领域的科技人员提供理论依据和技术参考，对促进我国烟草种子生产加工技术的发展具有重要意义。

烟草种子生产加工技术的发展及本书的出版发行得到了国家烟草专卖局、中国烟叶公司、云南省烟草公司、云南省科技厅及全国各烟叶产区的大力支持，在此一并致谢！

由于水平有限，书中存在不足之处在所难免，敬请读者批评指正。

编　者

2016 年 9 月

目　　录

第一章　绪论 ………………………………………………………………………… 1

第一节　烟草种子生产加工的意义 ………………………………………… 1

一、烟草种子生产的意义 ………………………………………………… 1

二、烟草种子加工的意义 ………………………………………………… 2

第二节　烟草种子生产加工的内容和任务 ……………………………… 3

一、烟草种子生产加工的相关概念 …………………………………… 3

二、烟草种子生产加工的内容和任务 ………………………………… 5

第三节　烟草种子生产加工的发展与展望 ……………………………… 5

一、烟草种子生产的发展概况 ………………………………………… 5

二、烟草种子加工的发展概况 ………………………………………… 6

三、展望 ……………………………………………………………………… 7

第二章　烟草种子生产的基本理论 ……………………………………………… 9

第一节　烟草生殖发育与种子形成 ……………………………………… 9

一、烟草繁殖方式 ………………………………………………………… 9

二、烟草花芽分化及花序形成 ………………………………………… 9

三、影响花芽分化的因素 ……………………………………………… 12

四、花器官的发育 ………………………………………………………… 14

五、种子的形成 …………………………………………………………… 18

六、种子的成熟 …………………………………………………………… 31

第二节　纯系学说和遗传平衡定律与烟草种子生产的关系 ……… 40

一、纯系学说的概念及其对烟草种子生产的指导意义 ………… 40

二、遗传平衡定律及其对烟草种子生产的指导意义 …………… 41

第三节　烟草品种混杂退化及其控制 ………………………………… 42

一、烟草品种混杂退化的原因 ………………………………………… 43

二、品种防杂保纯的措施 ……………………………………………… 45

第三章　烟草种子生产基地的建设与管理 ………………………………… 48

第一节　烟草种子生产基地建设的原则与条件 …………………… 48

一、生产基地布局与建设的原则 …………………………………… 48

二、生产基地的必备条件 ……………………………………………… 49

三、烟草种子冬繁基地的优势 ………………………………………… 51

第二节　烟草种子生产基地建设的程序与内容 …………………… 53

一、种子生产基地建设的程序 ………………………………………… 53

二、种子生产基地建设的内容 ………………………………………… 54

第三节 烟草种子生产基地的管理 ···················· 55
　　一、生产计划管理 ···································· 56
　　二、生产流程管理 ···································· 56
第四章 烟草种子的田间生产 ···························· 59
　第一节 育苗 ·· 59
　　一、育苗准备 ······································ 60
　　二、播种 ·· 62
　　三、苗期管理 ······································ 63
　　四、成苗标准 ······································ 66
　第二节 大田期管理 ·································· 66
　　一、移栽前准备 ···································· 67
　　二、移栽 ·· 69
　　三、施肥 ·· 71
　　四、植保措施 ······································ 73
　　五、田间管理 ······································ 75
　第三节 花粉工业化与田间授粉 ························ 79
　　一、花粉工业化进程及授粉技术发展 ·················· 79
　　二、花粉工业化及烟草花粉工厂 ······················ 84
　　三、田间授粉 ······································ 94
　第四节 种子收获 ···································· 96
　　一、蒴果采收 ······································ 96
　　二、蒴果晾晒 ······································ 98
　　三、种子脱粒与清选 ································ 98
　　四、检验入库 ······································ 98
第五章 烟草种子的精选、干燥及贮藏 ···················· 99
　第一节 种子精选 ···································· 99
　　一、精选的目的和意义 ······························ 99
　　二、精选的方法 ···································· 99
　第二节 种子干燥 ···································· 101
　　一、影响烟草种子干燥的因素 ························ 101
　　二、干燥的方法 ···································· 102
　第三节 种子贮藏 ···································· 107
　　一、贮藏的目的和意义 ······························ 107
　　二、贮藏的原理 ···································· 107
　　三、烟草种子库 ···································· 109
　　四、入库及贮藏技术要点 ···························· 114
第六章 烟草种子的加工 ································ 116
　第一节 种子加工技术的发展 ·························· 116

一、种子加工设备的发展·······116

二、种子引发技术的发展·······117

三、种子包衣技术的发展·······118

第二节 种子引发的作用、原理和方法·······120

一、种子引发的作用和原理·······120

二、种子引发的方法·······122

三、烟草种子的引发·······123

第三节 种子包衣的作用、原理和方法·······123

一、种子包衣的原理和方法·······124

二、种子包衣的作用·······124

三、烟草种子的包衣·······125

第四节 种子包装·······126

一、种子包装的意义和要求·······126

二、包装材料的种类和特性、选择·······128

三、烟草种子包装·······129

四、烟草包装种子的保存·······131

第五节 包衣丸化种子加工工艺·······132

一、烟草种子加工设备·······132

二、烟草包衣丸化种子加工工艺流程·······138

三、烟草功能型包衣丸化种子生产·······140

四、包衣丸化种子贮藏·······140

第七章 烟草种子质量控制·······142

第一节 种子质量和标准·······142

一、种子标准化·······142

二、种子质量分级·······145

第二节 烟草种子质量检验·······147

一、种子质量检验构成·······147

二、种子质量检验的作用和程序·······159

第三节 烟草种子防伪与质量追踪·······160

一、种子防伪·······160

二、种子质量信息化追踪·······162

第八章 烟草种子管理与经营·······166

第一节 种子管理·······166

一、我国烟草种子管理体系概况·······166

二、烟草种子管理程序·······166

三、烟草种子的市场化、产业化运作·······167

第二节 种子经营·······168

一、世界烟草种子情况·······168

二、烟草种子在国际种子贸易中的比例 ……………………………………… 168

三、世界主要烟草公司经营体制 …………………………………………… 169

四、中国烟草种子经营情况 ………………………………………………… 173

五、烟草种子经营相关法律法规 …………………………………………… 177

主要参考文献 …………………………………………………………………… 178

附录 …………………………………………………………………………………… 183

第一章 绪 论

"国以农为本，农以种为先""科技兴农，种子先行"。种子是农业生产的源头，是最重要的、不可替代的、特殊的生产资料，是农业可持续发展的基本保证，也是农业科学技术和各种农业生产资料发挥作用的载体。生产加工出优质种子，不仅是农业生产技术水平的重要体现，还是农业生产获得优质产品、丰产的重要保证。

"一粒种子可以改变整个世界"。种子及其配套技术的重要性，得到了全世界的普遍认同。"九五"以来，经过多代人的努力，烟草种子工作已成为我国烟草行业的亮点工程之一。尤其是"十一五"至"十二五"时期，我国烟草种子技术研究不断深入，发展领域快速拓展，种子管理持续规范完善，在获得大批重要种子科技成果的同时，实现了科技成果在烟草农业生产中的有机转化，为全国烟农增收致富和地方经济发展做出了积极贡献；在世界农业科学技术快速发展的今天，为烟草种子生产加工技术的创新发展带来了重要机遇；同时也对烟草种子在现代烟草农业中的贡献价值提出了更高的要求。

第一节 烟草种子生产加工的意义

优质的种子是农业生产水平高的重要体现，配套的先进种子生产加工技术是获得优质种子的关键。近年来，烟草种子在促进烟草农业生产"减工、降本、提质、增效"中起到了越来越重要的作用，优质的烟草种子也成为现代烟草农业发展水平的重要标志之一。

一、烟草种子生产的意义

对于一个国家，搞好种子生产，是当前提高农业效益、增加农民收入、确保国家粮食安全的基础性措施；对于一个行业，生产出质优量足的种子，是实现持续稳产、增产和调整品种结构或产业结构的先决条件；对于一个种子企业，生产和掌握了市场需求旺盛、质量优良的种子，是核心竞争力的重要体现；对于种子使用者，有了优质种子，就意味着增产增收。烟草种子生产的意义主要体现在以下三个方面。

（一）种子生产是农业生产的先决条件

烟草种子是烟草农业生产的基础和前提，是"两烟"（烤烟、卷烟）生产的源头和先决条件。烟草种子生产就是根据烟草品种的遗传学、生物学特性、繁殖方式等，按照种子生产原则（原原种繁殖原种、原种生产良种），使用科学的繁殖生产技术，在适宜的环境条件下获得目标优质种子的过程。烟草种子生产的最终目的是生产出质量优、数量足的良种，为烟草农业生产奠定基础、做好储备。

（二）种子生产是育种成果转化的重要措施

种子生产是作物育种工作的延续，是连接育种与农业生产的桥梁，是育种成果在农业生产中推广转化的重要措施，是优良品种实现品种价值的关键环节。优质种子只有在烟叶生产中实现实际应用和有机转化，其价值才能得以体现，而优质种子的生产取决于优良的品种和先进的种子生产技术。品种的经济价值和社会效益是前提基础，而先进的、科学的种子生产技术是优良品种保持优良性状的必要保障。先进、高效、完善的种子生产技术，不仅可以为获得优质种子提供坚实的技术支撑保障，而且可以有效解决种子的混杂、退化、劣变等问题，确保育种成果在生产中的有机转化。

（三）种子生产是提升农业生产水平的重要途径

种子作为农业生产和农业科技发展的重要载体，一切现代农业技术、农艺措施都是直接或者间接地通过种子这一载体在农业生产中发挥作用。近年来，随着我国烟草种子生产技术的快速进步，种子质量得到了大幅提高，有力推进了机械化精准播种技术、育苗新技术、大田烟叶生产技术的发展，促进了全国烟叶生产技术水平的提升和行业的可持续健康发展。

二、烟草种子加工的意义

种子加工是提高种子质量和种子增值的重要手段，是实现种子产业化、商品化的关键环节，是推动农业和现代农作物种业可持续发展的重要力量。烟草种子加工的意义主要体现在以下三个方面。

（一）种子加工是提升种子科技含量的重要手段

种子加工是指对种子进行一系列物理、化学等处理作业的过程。烟草种子加工主要包括干燥精选、浸种消毒、催芽引发、包衣丸化、包装贮藏等过程。种子干燥精选可以清除劣质种子，提高种子质量，使种子优良的生物学、遗传学特性得到充分发挥；种子浸种消毒可以消除种传病害，保证种子健康；种子催芽引发可以提高种子的出苗整齐度和对逆境的综合耐抗性；种子包衣丸化可以提高种子的播种性能，为实现精准播种和机械化、工厂化育苗奠定基础。总之，通过烟草种子加工可以有效提高种子的质量和活力，实现种子增值，大幅提升种子的科技含量。

（二）种子加工是推动种子产业化的重要途径

纵观国内外种子加工技术的发展，从只进行干燥清选的初级阶段，发展到分级、拌药、包衣丸化等多种环节，再到引发技术研究的不断深入与广泛应用。从种子加工的手工作业，到单机作业，再到工厂化流水线作业，种子技术高度集成和商品价值不断提升，促进了众多国际先进种子公司的诞生和发展壮大。因此，种子加工技术的发展有力推动了种子产业化，拥有先进的种子加工技术也已成为种子企业核心竞争力的重要体现。

（三）种子加工是现代烟草农业的实际需求

直至 20 世纪 90 年代中后期，我国烟叶生产上仍然普遍采用烟草裸种进行播种育苗。进入 21 世纪，烟草种子加工技术得到快速发展和应用，促进了烟草包衣丸化种子的快速推广应用。但随着我国育苗新技术和烟草农业的快速发展，突显出了包衣丸化种子使用过程中的众多问题，对种子加工提出了更高要求。"十一五"至"十二五"时期，种子加工技术进一步提高和完善，通过种子加工，不但提高了种子的播种性能，解决了机械化精准播种问题，还有效提高了种子质量、出苗整齐度、幼苗健壮度及种子对逆境的综合耐抗性，为全国优质烟叶生产奠定了坚实的基础，促进了全国烟叶生产的"减工、降本、提质、增效"和行业的可持续健康发展，为烟草行业做出了积极贡献。

第二节 烟草种子生产加工的内容和任务

一、烟草种子生产加工的相关概念

（一）烟草种子生产的相关概念

1. 种子

在植物学上，种子（seed）是指由胚珠发育而成的繁殖器官。而在农业生产上，种子具有比较广泛的含义，凡是农业生产上可以用作播种材料的植物组织、器官都称为种子，即用于农业、林业生产的各种播种材料的总称。为了区别于植物学的种子，亦称其为"农业种子"，但习惯仍简称为种子。《中华人民共和国种子法》规定：本法所称种子，是指农作物和林木的种植材料或者繁殖材料，包括籽粒、果实、根、茎、苗、芽、叶、花等。其中，农作物种子又可以归纳为 4 类，即真种子、类似种子的果实、用以繁殖的营养器官、人工种子。烟草种子属于真种子。

2. 种子生产

种子生产（seed production）是一项复杂和严格的系统工程。广义的种子生产包括从种子繁殖生产开始，经过种子加工、检验、包装等环节直到生产出质量好（符合国家标准）、数量足、成本低的商品种子的过程。也就是说广义的种子生产包括种子加工过程。本书所指的烟草种子生产，是根据所繁殖生产品种的遗传学特性和生物学特性，按照科学的技术和方法，在保证品种纯度的前提下，生产出质量高、数量足、成本低的烟草种子的过程。新品种审定后，应根据农业生产的实际需要，繁殖生产大田用种，并要求所生产的种子具有遗传特性稳定、种子活力高、数量充足等特征。因此，种子生产需要特定的环境条件和特殊的生产条件，在专业技术人员参与或指导下进行。

3. 育种家种子、原种和良种

育种家种子（breeder's seed），也称育种者种子、原原种，是由育种家培育的遗传性状稳定、具有特异性和稳定性的品种的最初一批种子。育种家种子保持着品种的最典型特性，数量极少。

原种（foundation seed），是由育种家种子直接繁殖的第一代，或由推广品种经过提纯，具有该品种典型性状，主要性状与育种家种子相同，并达到原种质量标准的种子。原种保持着与育种家种子相同的品种性状，遗传性稳定，数量稍多。原种的质量标准需达到国家标准或行业标准的规定，未达到原种质量标准的种子不能称为原种。

良种（identified seed），是由原种在严格防杂保纯措施下繁殖生产的、质量达到良种标准的种子。良种保持着品种的优良特性，是农业生产上推广使用的种子。只有达到质量标准要求的种子才能显著和稳定地提高农作物产量，改善和提高农产品质量。因此，良种的质量指标需达到国家标准或行业标准的规定，未达到良种标准规定的种子不能称为良种。烟草良种通常又按品种的育性分为常规可育良种和不可育良种。

4. 常规种种子、不育系种子及杂交种种子

常规种种子（conventional seed），简称常规种，通常是指发育正常的可育品种，经过自花授粉结实后得到的种子。常规种种子在农业生产上种植后，继续保持其可育品种的遗传特性，通过自花授粉可获得种子。

不育系种子在农业生产上一般是指雄性不育系种子（malesterile line seed），是采用雄性不育转育原理，经多代回交将发育正常的可育品种转育成的雄性不育品种的种子。雄性不育系花器官中的花药、花丝雄性器官退化、畸变，而雌性器官柱头、花柱则正常发育，由于不能正常产生花粉完成受精结实，故不能通过自交获得种子，需要通过人工辅助授粉才能获得种子。不育系种子在农业生产上种植后，能够正常发育生长，植株开花后同样保持着雄性不育特性，但只会开花，不会结种，即"花而不实"。当前，烟草雄性不育系种子主要以同型不育系为主，即母本和父本同属一个品种。

杂交种种子（hybrid seed），是指应用杂种优势原理，通过可育品种或不育系相互之间进行杂交后得到的种子。有的杂交种种子种植后是可育的，有的是不可育的，这由杂交亲本中是否有不育系（保持系）而决定。生产杂交种种子的亲本一般是不同的品种，杂种后代在生物学性状、农艺性状、产质性状及抗逆、抗病虫能力等方面表现出超亲的优势和特点。

（二）烟草种子加工的相关概念

1. 裸种

裸种（raw seed）是为区别于包衣丸化种子而定义的。烟草裸种也称为烟草种子，是指未经包衣丸化加工的烟草种子。烟草裸种的质量指标应达到国家标准的规定。

2. 种子加工

种子加工（seed processing）也称为种子机械加工，是指种子脱粒、精选、干燥、分级、包衣、包装等机械化作业的过程。烟草种子加工是指从种子收获后到播种前对种子进行清选、消毒、引发、包衣丸化、干燥、包装等作业的过程。应用于种子加工的烟草裸种质量指标应达到国家标准的规定。

3. 烟草包衣丸化种子

烟草包衣丸化种子（tobacco pelleted seed）是指用种衣剂包裹种子后形成丸粒化的

烟草种子。由于烟草种子普遍进行丸粒化，因此简称为烟草包衣种子。烟草包衣丸化种子的质量指标应达到国家标准的规定。

二、烟草种子生产加工的内容和任务

（一）烟草种子生产的内容和任务

主要包括三个方面。

1）根据烟叶生产需要和繁殖生产品种特性，采用科学的方法和技术防止混杂退化，保持和提高品种的优良种性，有计划地利用原种生产出质量、数量等符合要求的种子，并及时进行品种更新。

2）根据卷烟原料需求和优化品种布局的需要，快速繁殖生产出新选育或新引进优良品种的优质种子，丰富现有品种，扩大推广面积，使优良品种尽快转化为生产力，同时做好种子储备。

3）开展种子生产相关研究，从理论和实践上探索种子生产的新技术、新方法，不断提高和完善种子生产技术体系，在种子生产上实现"减工、降本、提质、增效"。

（二）烟草种子加工的内容和任务

主要包括四个方面。

1）根据全国各年度烟叶生产用种需求，采用科学的方法和技术有计划地加工出质量优良、品种和数量符合要求的包衣丸化种子。

2）针对现代烟草农业中存在的实际生产问题，通过种子精选、引发、丸化等技术，进一步提高种子质量和其科技含量，增强种子对逆境的综合耐抗性，提高种子的商品性能。

3）使种子达到安全贮藏条件，对于裸种要尽可能延长有效贮藏时间，对于待销售的包衣丸化种子要控制合理的有效使用期。

4）开展种子加工相关研究，从理论和实践上探索种子加工的新技术、新材料、新方法，不断提高和完善种子加工技术体系，提升种子科技含量，降低种子加工成本。

第三节 烟草种子生产加工的发展与展望

一、烟草种子生产的发展概况

纵观世界，由于种子的巨大效益和其对农业生产的特殊意义，世界各国均把种子生产放在农业经济发展的重要位置，并以种子的突破性带动农业的发展。很多国家的种子生产以种子公司为依托，已发展成为集种子科研、生产、加工、销售、技术服务于一体的现代种子产业体系。在主要农作物种子生产上，如美国的先锋种子公司、孟山都种子公司，法国的利玛格兰公司，德国的 KWS 公司，英国的捷苗种子公司，荷兰的阿斯特克种子公司，日本的陇井公司、坂田种子公司，泰国的正大集团等在国际种子界都有相当的实力，为世界种子产业和农业生产的发展做出了巨大贡献。

在烟草上，美国的金叶种子公司、CC 种子公司，巴西的布菲金种子公司，津巴布韦的烟草研究院等种子企业和科研院所，一直引领着世界先进的烟草种子生产技术水平。20 世纪 90 年代以前，世界先进烟草种子企业主要还是以生产常规种种子为主。90 年代中后期，为进一步保护育种知识产权，国外烟草种子企业开始将常规品种转育成不育系品种或培育成杂交品种，至 21 世纪初，不育系种子和杂交种的生产种植逐步成为世界烟草农业生产的主要模式。

我国烟草种子的生产发展进程可分为以下几个阶段。

20 世纪 50～60 年代，烟草种子工作主要围绕"自选、自繁、自留、自用，辅之以调剂"的"四自一辅"思路和模式运作，由于缺乏一套严格的管理制度，造成了烟草种子生产的多、杂、乱局面。

1978 年后，为了改变烟草种子工作中诸多不利因素，进一步提出"种子生产专业化、加工机械化、质量标准化、品种布局区域化和以县为单位组织统一供种"的"四化一供"工作方针，使得烟草种子生产管理步入规范化轨道。

20 世纪 80 年代中后期至 90 年代初期，为了满足各地生产需要，各烟区烟草种子良繁基地和良繁点大量增加，造成种子生产工作管理混乱的局面，且种子质量参差不齐，给烟叶生产带来了较大的影响。

20 世纪 90 年代中后期，国家烟草专卖局在全国各烟区良繁基地和良繁点的基础上进行压缩，建设了 28 个国家烤烟良种繁殖基地；并于 1995 年、1999 年分别批准成立中国烟草育种研究（南方）中心和中国烟草遗传育种研究（北方）中心，负责烟草原种的繁育；结合烟叶生产"双控"（控制烟叶面积和控制烟叶产量）政策，以省（自治区、市）为单位统一供种。

为了加快和促进烟草种子市场化和产业化进程，经国家烟草专卖局批准，由中国烟叶公司、云南省烟草公司、云南省烟草农业科学研究院、中国农业科学院烟草研究所 4 家单位共同投资，于 2001 年成立玉溪中烟种子有限责任公司，并于 2003 成立青岛分公司，2008 年注册成立青岛子公司，主要负责全国南方、北方烟区的烟草种子繁殖生产和管理，全国的烟草种子工作及管理进一步趋于规范和完善。按照种子规模化、集约化、专业化生产的要求，经过 15 年的努力，玉溪中烟种子有限责任公司已成为集烟草种子技术研发、生产加工、销售、服务为一体的专业化烟草种子企业。目前，玉溪中烟种子有限责任公司已实现面向全国供种，供种面积占到全国烤烟种植面积的 80% 以上，同时种子还销往东南亚 4 个国家。

二、烟草种子加工的发展概况

国外烟草种子加工技术研究开展较早，主要体现在种衣剂的开发与应用、加工机械化、种子引发等方面。早在 20 世纪 30 年代，英国的 GTG 种子技术集团（现更名为英国捷苗种子公司）就已首次成功研制出用于禾谷类作物种子的种衣剂，至 60 年代种衣剂已大规模商业化，种衣剂在一些蔬菜种子、花卉种子上得到了广泛应用。随着包衣技术的发展，许多技术结合包衣得以应用，如将杀虫剂、杀菌剂处理结合到包衣技术中，使包衣种子具有一定防病、抗虫能力。随着农业生产需要的增加，微肥、激素、有益微生物等加入种衣剂中，由此形成了适合不同地区、不同种类作物的不同类型的种衣剂。

种子引发最早由 Heydecker 等（1973）首次提出，是指控制种子的吸水作用至一定水平，允许预发芽的代谢作用进行，但防止胚根的伸出，控制种子缓慢吸水，使其停留在萌发吸胀的第二阶段，处在细胞膜、细胞器、DNA 修复、酶活化、准备发芽的代谢状态。随后的几十年中，引发技术在烟草、蔬菜、粮食等许多作物种子上得到广泛应用，缩短了种子的发芽时间，提高了种子对逆境胁迫的抗性。

2000 年之前，美国、英国、荷兰、巴西等国家的种子技术水平较高。其中，美国孟山都种子公司、美国先锋种子公司、英国捷苗种子公司、荷兰阿斯特克种子公司等在种子技术领域处于国际领先水平，美国北卡罗来纳州立大学、美国金叶种子公司、巴西布菲金种子公司等在烟草种子技术领域的研发水平处于世界领先水平。近年来，受经济危机和国际形势的影响，国外烟草种子技术发展缓慢，尤其是受禁烟的影响，烟叶市场持续萎缩，美国、巴西等国家的烟草种子技术研究与发展处于停滞状态，为我国烟草种子技术的快速发展和崛起创造了契机。

20 世纪 80 年代以前，我国烟草种子的繁殖、生产和应用主要是以裸种为主，种子浪费较大，种子质量要求不高，烟苗素质差，需花费大量人力、物力用于间苗等工作。80 年代末至 90 年代初，开始了烟草包衣种子技术及产品的研发、示范与推广。从 1993 年开始至 2000 年，烟叶生产上大面积推广应用烟草包衣种子，在一定程度上节约了种子，且种子质量得到了较大提高，并获得显著成效。当时的烟草包衣种子由于设备、辅料及生产工艺技术等条件的局限，其在质量和技术含量等方面仍然存在着诸多问题。

2001 年后，由玉溪中烟种子有限责任公司牵头，紧密结合烟叶生产的实际需要和种子技术中存在的问题与瓶颈，以解决烟叶生产实际问题为方向，以实用、高效为前提，加大科技创新力度，与国内外烟草企业、科研院所、高校等开展产学研联合攻关，不断提升烟草种子产品的质量和科技含量，取得了显著成效。种子引发、包衣丸化、综合抗逆性提高等方面新技术的研发，以及催芽包衣种子、生物型包衣种子、漂浮育苗专用包衣种子、多重抗逆型包衣种子等不同类型种子的规模化推广应用，取得明显成效，为全国"两烟"生产做出了重要贡献。

随着玉溪中烟种子有限责任公司的快速发展，我国的烟草种子技术异军突起，在烟草种子引发、包衣丸化及提高包衣种子综合抗逆性研究方面达到了世界同领域领先水平，烟草包衣种子的质量也已超西方发达国家，使我国烟草种子生产加工技术水平跻身于世界先进行列。

三、展望

伴随着全球经济一体化进程的不断加快和生物技术的迅猛发展，农作物种业和种子技术的发展面临着异常激烈的国际竞争。尤其是中国巨大的种业市场令外国企业注目，美国的先锋、孟山都、迪卡，泰国的正大集团等跨国公司已经涉及中国种子市场的各个领域，虽然我国目前禁止跨国种子公司控股经营种子产业，但有些公司已经以不同方式介入中国的市场。我国农作物种业和种子技术的发展进入了一个关键时期。面对如此形势，当前的迫切任务是建设新型种业体系，按照现代农业的根本要求、发展思路，以种子企业为主体，以基础研究与商业化相结合的科技创新机制为支撑，以市场配置资源为导向，加强法制建设，建立统一开放、规范有序、公平竞争的种子市场，做大做强我国种业。

当前，我国正处在工业化、信息化、城镇化、农业现代化同步发展的新阶段，保障国家粮食安全和实现农业现代化对农作物种业和种子技术发展的要求明显提高，推进种子产业化是我国种子企业发展和种子管理体制改革的要求，也是实现我国农业增产增效、建立农业服务体系、积极参与国际竞争的要求。2011 年，我国制定了《全国现代农业发展规划（2011～2015 年）》《全国现代农作物种业发展规划（2012～2020 年）》，把种业的发展提升到了国家战略、基础性核心产业的高度，并阐明种业是促进农业长期稳定发展的根本。因此，加快推进现代农作物种业和种子技术的发展，已成为提升我国农业国际竞争力的迫切需要。

我国烟草种子生产加工技术经过"十五"至"十二五"的探索研究和积淀，种子生产、加工和管理等多个领域已成为农作物种子质量的代表，在种子生产加工精细化、标准化、现代化、信息化等方面积累了丰富的经验和技术，必将有力促进我国种子技术的进步。在世界农业飞速发展的今天，"谁掌握了种子谁就掌握了世界"，高质量的种子及高水平的种子技术越来越体现出重要作用。优质的种子及其配套技术体系不仅可以为农业生产带来巨大的经济效益，而且可以代表一个国家或地区农业科研及生产技术水平的高低。伴随世界大农业的发展进程，"绿色、生态、环保、安全"的生产理念已成为农业生产和科技创新的发展方向。加快推进种业科技创新，培育和推广优良品种，不断提升种子的生产、加工和管理水平，不断提高种子的质量、科技含量和安全性，已成为当前及今后种子技术的研究重点和发展方向。

我们相信，在"创新、协调、绿色、开放、共享"五大发展理念的引领下，新时期的烟草种子工作将会迈上又一个崭新的台阶，优质、安全、生态的种子及其高效、适用的配套技术体系必将在现代烟草农业的发展进程中突显出极其重要的作用。

第二章　烟草种子生产的基本理论

种子生产以遗传学、育种学和种子学基础理论为指导，涵盖了植物学、栽培学等多种学科的知识，是科学系统应用高效实用技术大量繁殖农业生产用种的复杂过程。本章将介绍烟草生殖发育与种子形成的基本理论、纯系学说和遗传平衡定律与烟草种子生产的关系，阐明烟草品种混杂退化及其控制的重要性，为烟草种子生产提供理论基础与指导。

第一节　烟草生殖发育与种子形成

植物的繁殖方式可分为有性繁殖（sexual reproduction）和无性繁殖（asexual reproduction）两类。由雌雄配子结合，经过受精过程形成种子繁衍后代的称为有性繁殖；不经过两性细胞受精过程而繁殖后代的称为无性繁殖。有性繁殖根据雌、雄配子的来源，分为自花授粉（self-pollination）、异花授粉（cross-pollination）和常异花授粉（often cross-pollination）。无性繁殖包括植株营养体无性繁殖和无融合生殖无性繁殖。

一、烟草繁殖方式

烟草属自花授粉植物，其花是两性完全花，有 5 枚雄蕊、1 枚雌蕊，雄蕊花丝 4 长 1 短，花开放后，花粉粒落到柱头上，很快萌发伸出花粉管，并沿着花柱内传递组织薄壁细胞的间隙延伸到子房，然后传入胚囊进行受精。完成受精的花朵逐步分化，形成果实和种子。

雄性不育系烟株，其雄蕊的花丝、花药高度萎缩退化、畸形，不能产生花粉，无法进行自花授粉，需要进行人工辅助授粉。授粉前人工收集父本花粉，用棉签或粉刷将花粉涂抹到母本雌蕊柱头上，花粉萌发，进入子房，完成受精，形成果实和种子。最新研究结果表明，人工辅助授粉前，对收集到的父本花粉进行相应的配制处理，制作成介质花粉（medium pollen），然后使用介质花粉进行授粉，种子的产量和质量能够得到大幅提高。

二、烟草花芽分化及花序形成

（一）花芽分化及形态建成

在一定的外在、内在因素影响下，营养生长阶段烟株实现成花诱导，营养顶端转变为生殖顶端，顶端生长点停止分化叶原基，转而分化生长出花器官初级形态，即为花芽（flower bud）。分生组织转变为初级花序分生组织，初级花序分生组织形成伸长的花序轴，其上着生的茎生腋芽又成为次生花序分生组织，进而形成花原基，然后进行花芽分化。花芽分化是由营养生长向生殖生长转变的生理和形态标志。

花芽分化（flower bud differentiation）又称花器官的形成，是指植物茎生长点由分生出叶片、腋芽转变为分化出花序或花朵的过程。这一全过程由花芽分化前的诱导阶段及之后的花原基形成、花序与花分化的具体进程所组成。一般花芽分化可分为生理分化、形态分化两个阶段。芽内生长点在生理状态上向花芽转化的过程称为生理分化。花芽生理分化完成的状态称作花发端。此后，便开始花芽发育的形态变化过程，称为形态分化。

烟草的花序比较复杂，首先从花的着生方式和形态看，是顶生圆锥花序，但从开花的顺序看，又具有聚伞花序的特点。因此，烟草花序被认为是无限花序和有限花序混生的圆锥状聚伞花序。因品种的不同，又有单歧聚伞花序，二歧或三歧聚伞花序，或单歧、二歧、三歧复合聚伞花序的区别。烟草植株的顶芽分化成花及花枝以后，顶芽下方的腋芽也自上而下逐个分化成花枝。每个花枝都按上述方式发展成为复聚伞花序。

电镜扫描烟草花序分化发现，当烟株主茎顶端生长点从营养生长期的平面体（图2-1-1）转为浅半球形时，烟株的顶花原基已开始形成而转入生殖生长期（图2-1-2）。顶花原基明显突起时，主茎上部各腋芽原基（一级分枝）也开始突起（图2-1-3），说明腋芽的分化稍落后于顶芽。此时腋芽原基呈半球形，在其外侧各有一苞叶。半球形腋芽原基沿主茎切线方向横向略伸长，侧视顶端趋平，俯视呈蚕茧形。随着蚕茧形体积的增大，在茧腰中部略偏一侧的地方出现缢束，此时腋芽原基已分成一大一小的两个部分（图2-1-4）。大的突起就是该侧枝上的第1朵花的花原基，小的突起则仍保持该侧枝的侧枝原基状态。此后，该侧枝原基进入下一轮分化。先是小原基外侧出现另一苞叶原基（二级苞叶），接着小原基在苞原基内向另一侧横向伸长，并渐变成蚕茧形，然后在

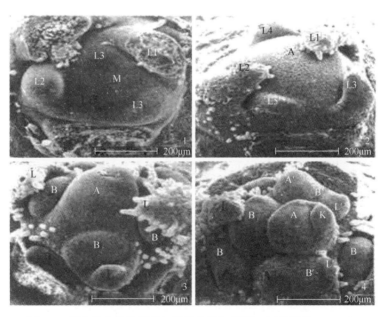

图2-1 烟草花序分化形成初期的电镜扫描图（刘秀丽等，2003）

1.营养生长期的茎端叶原基和幼叶着生位置的扫描电镜照片，茎端生长点呈平面形；2.进入生殖生长初期，顶花原基微微突起；3.顶花原基明显突起后，出现突起的腋芽原基；4.蚕茧形腋芽原基，中部出现缢束，并形成一大一小两个部分；M.生长点；L.叶（苞叶）原基及其残基，L'为二级苞叶，L后数字表示由外向内排列的叶序；A.主茎顶花原基，A'为侧枝第一朵花的花原基；B.腋芽原基，B'为侧枝原基；K.萼片原基

苞腰中部略偏一侧的地方纵裂一分为二，成为新的一大一小两个半球体，即一花一枝两原基。大原基是分枝的第二朵花，它与第一朵花各居于分枝的一侧。照此反复分化，形成一个单轴的无限分枝花序。

烟株花芽分化可分为 6 个阶段：①营养生长；②营养-生殖生长转化；③花原基分化形成；④花萼原基分化形成；⑤花瓣、雄蕊原基形成；⑥雌蕊原基形成。如图 2-2 所示，处于营养生长的顶芽，其茎端呈近似三角形的平面状，各顶端分别着生 1 个叶原基（图 2-2-A）；顶芽由营养生长转入花芽分化时，顶端分生组织逐渐隆起呈半球形（图 2-2-B）；主茎顶部花原基明显突起时，侧枝原基也开始分化，呈椭球形，外侧各形成 1 苞片（图 2-2-C）。此后侧枝原基沿主茎切线横向伸展，在其 1/3～1/2 处开始缢裂，变为一大一小两部分；大的突起是该侧枝第 1 朵花的花原基，小的突起则仍保持侧枝原基状态，可继续下一轮缢裂分化，产生第 2 朵花的花原基和侧枝原基。另外，顶端花原基半球形一侧出现小舌状突起，为花萼原基（图 2-2-D）。花原基由内而外，可明显分为 4 层：中央是雌蕊原基，第 2 层是 5 个雄蕊原基，第 3 层是 5 个花瓣原基，最外层则是 5 个花萼原基（图 2-2-E）；雄蕊原基内侧趋平的一面向内凹陷，形成纵向小沟，为药室分隔和花丝着生之处；随后药室两侧也出现纵向凹沟，表示其内部已出现药隔；雌蕊原基生长较慢，被雄蕊原基围裹于中央，顶端稍凹陷，随发育进程的继续，其上出现裂线，此线即是将柱头一分为二的中央线（图 2-2-F）。

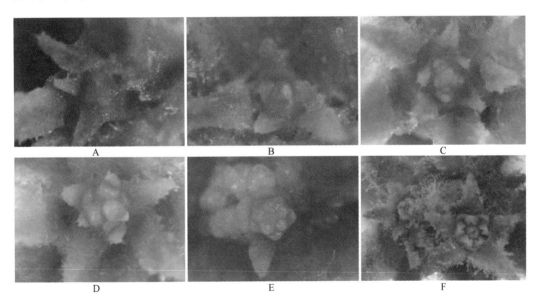

图 2-2 体视显微镜观察云烟 85 花芽分化过程（段玉琪等，2011）

A.处于营养生长状态的顶芽；B.生殖生长初期的顶芽；C.顶花原基分化期；D.花萼原基分化期；
E.花瓣、雄蕊原基分化期；F.雌蕊分化期

（二）成花顺序

进入生殖生长后，主茎顶芽首先转入生殖生长阶段，其下各腋芽则随之自上而下依次转入生殖生长，各腋芽在花芽发育和开花早晚上也略有差异，表现为愈近顶端的分枝，花芽分化得愈早，开花也愈早，花序也较大；相反，则分化迟，开花迟，花序较小。而

同一侧枝上的花芽则是越靠近主茎越早分化。

总的来说，烟草一般是主茎顶端第1朵花（也称中心花）最先开放，是烟叶生产上常用的最佳封顶时间的标志。2～3天后花枝上的花陆续开放，整个花序的开花顺序是先上后下，先中央后边缘（图2-3）。就一个花序来说，水平线上前后两朵花开放的时间间隔为1～3天，垂直方向花朵开放的时间间隔不规则。整个花序1天内同时开花数量最多的时期为盛花期，是授粉的有利时机。

图 2-3 烟株的花序及开花顺序

三、影响花芽分化的因素

（一）环境条件（environment condition）

在适宜的环境条件下，烟草通过茎的生长点感受温度，通过叶片感受日照长度（光周期），温度与日照长度在烟草的花芽分化中起关键性作用。不良环境因素如低温、短日照、干旱、营养不足等均对烟草的花芽分化产生影响。

1. 温度（temperature）

低温能促进烟株由营养生长转向生殖生长。日本村冈报道，烟草在可变营养生长期，低温11～13℃促花芽分化，高于20℃则促进生长而抑制花芽分化。温度越低、时间越长，低温促进花芽分化提前越多。美国Sheidow（1986）报道，白肋烟8片叶时暴露在低温下，易出现早熟开花现象。

2. 日照长度（length of sunshine）

烟草是短日作物，短日照可促进其提早进行花芽分化。Ganner和Allard最早提出光周期理论，他们将在美国南部正常开花的烟草品种（*Nicotiana tabacum* Maryland Mammoth）引种到北方，在夏季长日条件下只长叶不开花，但如果用遮光的方法缩短日长至每天14h以下，则可使之开花。但是，据丁巨波等（1965）和曹显祖等（1991）报道，多数烤烟品种的开花对光周期的反应不灵敏，为日中性或近短日性，唯有多叶品种是强短日性。每天8h以下的短日照有促进花芽分化提前的作用，但短日照必须是在低温条件下才会有促进花芽分化提前的作用，20℃以上的温度，即使日照短于8h，也不会促进花芽分化提前。

3. 水分（water）

烟草是怕旱、怕涝的作物，根据遗传保守性的原理，在其可变营养生长期间遇干旱、涝灾，可变营养期缩短，花芽分化提前。即烟苗移栽后遭遇干旱、多雨均会导致早花发生。

4. 营养物质（nutrient）

营养物质在植物的成花中也起一定的作用。Rideout 等（1992）、Zanewich 和 Rood（1995）指出当碳水化合物和含氮化合物在茎端的相对数量处于稳定状态时，烟株保持营养生长，而当碳水化合物积累过多引起碳氮比不平衡时则诱导开花。烟草是需肥量较大的作物，在施肥量不足、施肥过晚、土壤肥力低下或结构不良等恶劣环境条件下，若烟株营养不良，也会导致早花发生。

对于烟草来说，不良环境因素包括低温、营养不足、干旱、短日照等。处于恶劣环境中的烟草（可变营养生长期），烟株体内养料优先分配生殖生长，提早分化花芽，是其遗传保守性的表现。恶劣环境因素导致早花发生，不仅仅是单一因素作用的结果，更可能是多因素综合作用的结果。

（二）成花物质（flowering substance）

植物在感受各种环境信号后，产生许多与成花有关的物质。烟草的成花物质主要有细胞分裂素（CTK）、生长素（IAA）、玉米赤霉烯酮（ZEN）。适当浓度的 CTK 和 IAA 均能促进花芽分化，但是过高浓度的 CTK 和 IAA 反而抑制花芽分化。章美云和韩碧文（1992）用烟草薄层外植体诱导花芽，IAA 与 CTK 比例为 1∶1 时，花芽分化较好。日中性烟草主茎各节间玉米赤霉烯酮含量分布与各节间着生腋芽的发育顺序相吻合，含量高的节间上的腋芽优先发育成完整花序，而含量低的节间上的腋芽则发育较晚、较慢。

（三）植株状态（plant status）

与成花有关的植株状态有两种，一是成花感受态，二是成花决定态。成花感受态是植株能够对外界成花信号作出应答时的生理状态。植物对于成花信号的应答必须在植物体处于成花感受态时才能进行，说明植物体内存在着一个内在的成花计时机制，即童性（juvenile trait），通常用节位或叶位来表示。烟草 6～12 片真叶时对低温敏感，在此之前，即使给予合适的外界条件也不起反应。王秀蓉（1991）研究发现短日性品种革新 5 号的烟苗在 4～5 片真叶时，短日处理 30 天，至换茬时烟株仍未现蕾；而 6～7 叶、9～10叶时的各处理，其花芽分化和现蕾期均不同程度提前。

环境因素能被烟株的不同部位所感觉。光周期以成熟叶片为感应器，叶片内的光敏色素为受光体，将外界的光周期信号传递到生长点，决定着是进行生殖生长还是继续保持营养生长状态；而春化作用则以生长点为感应器，当植物生长到一定大小时，生长点就感受低温信号，决定以后的生殖生长，由于感应温度的器官与进行花芽分化的器官均是生长点，因此它可避开长距离的信号传递过程；至于营养积累型的烟草品种，它们对光、温信号均不敏感，只要营养生长至一定时期，便自动进入生殖生长状态。

成花决定态是指感受态的植株在接受了外界刺激，产生成花信号并将其传导到茎尖，诱导生长点内部发生一系列变化，使部分分生细胞转向生殖生长的一种状态。成花决定态是细胞具有分化为花的能力，但还未开始花的分化时所处的状态。成花决定态是一种可以被分生组织中部分细胞获得而不需要整个组织所有细胞同时获得的一种生理状态。当成花决定态细胞达到一定数量时，就会引发一系列的生理生化反应，开始花芽分化，发育成花。

在正常生长条件下，烟草的成花决定是在顶端分生组织和腋芽分生组织中分别进行的。日中性烟草主茎有成花梯度现象，即顶端分生组织先进入成花决定态，之后是与之邻近的腋芽，腋芽位置越低，成花越迟，成花的可能性越小。研究发现烟株内存在着与成花梯度相对应的内源物质梯度，如茎中游离脯氨酸的分布与成花梯度成平行关系。

四、花器官的发育

（一）花期（florescence）

烟草整个花期可以分为现蕾、含蕾、花始开、花盛开、凋谢5个时期。现蕾期为花序中开始出现花蕾至含蕾期前的时期；含蕾期为花冠充分生长到最长，但前端尚密闭的时期；花始开期为花冠前端开裂至花盛开前的时期；花盛开期为花冠的喇叭口开放成平面至凋谢前的时期；凋谢期是自花冠枯黄至脱落的时期（图2-4）。

图 2-4   烟花不同时期外观形态

烟草一般在移栽后 50～60 天开始现蕾，自现蕾至含蕾需 10 天左右，自含蕾至花始开期需 2 天左右，花始开到花盛开约需 1 天。盛花期是指一株烟草开花最多的时期。一般从中心花开后的 5～10 天开始计算，盛花期可持续 45 天左右。

（二）成熟花器官结构

烟草花芽逐渐在同一花内形成雌蕊和雄蕊，成为雌雄同花，即两性完全花，呈辐射对称，但因为其两侧对称面都不是前后的对称面，所以这种辐射是不整齐的，花基数是 5，花程式为 $*K_{(5)} C_{(5)} A_{(5)} \underline{G}_{(2:2:\infty)}$，即 5 个花萼、5 个花瓣联合成钟状和管状花冠，雄蕊 5 枚，雌蕊 2 心皮、2 室、子房上位、多位胚珠（图2-5）。

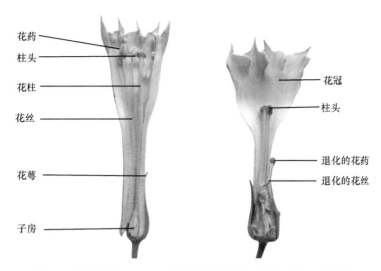

图 2-5 常规品种（左）和雄性不育系品种（右）花器官的结构

1. 花萼（calyx）和花冠（corolla）

烟草花萼由 5 个萼片愈合组成，钟形，包于花冠基部，5 条主脉明显。花萼宿存，长度为花冠的 1/3～1/2。早期花萼为绿色，可进行光合作用，后期为黄褐色。花萼上下表皮都没有浓密的表皮毛。花冠由 5 个花瓣组成，管状，长度在 5cm 左右，上部 5 裂，开花时先端展开成喇叭状。花冠的上表皮细胞没有表皮毛分化，下表皮有浓密的表皮毛（包括绒毛和腺毛）。花冠上的 5 条主脉很明显，花萼和花瓣相间排列。花瓣没有明显的栅栏组织和海绵组织的分化。花萼的栅栏组织和海绵组织分化不显著，其薄壁组织中含有叶绿体。

烟草花瓣在现蕾期和含蕾期是黄绿色，随着花的生长，普通烟草花瓣先端的颜色逐渐变成淡红色，盛开时颜色转为深粉红色。普通烟（烤烟、白肋烟、香料烟等）的管状花冠细而长，一般开红花；黄花烟的管状花冠粗而短，开黄花；野生烟因品种不同，可开出白色、紫色等花色的花。因此花的颜色和大小是烟草种的一个特征。

2. 雄蕊（stamen）和雌蕊（pistil）

烟草的花有 5 枚雄蕊，花丝 4 长 1 短，4 枚长的与雌蕊长度相等或略长于雌蕊。顶端连在由 2 个花粉囊组成的花药的背部，基部着生在管状花冠的内壁上。花药短而粗，肾形。幼小的雄蕊有 2 室，具有 4 个花粉囊构成的花药，成熟时前后两个花粉囊之间的分隔退化消失，两个花粉囊变成 1 室，最后花药由唇细胞向内呈缝状裂开，散发出花粉并且裂缝内侧的砂晶也消失。

烟草花有 1 枚雌蕊，由柱头、花柱和子房 3 部分组成。其中，柱头一般二裂内凹，呈圆形；花柱 1 个，细长实心；子房由 2 心皮组成，子房上位，中轴胎座，2 房 2 室，每室约有 2500 个胚珠，2 室合计约有 5000 个胚珠。理论上讲，胚珠全部受精后可发育成约 5000 粒种子，但在烟草种子的繁殖生产上，由于环境因素的影响，每个蒴果一般可获得 3000～4000 粒种子（表 2-1）。可以看出，烟草的繁殖系数是很高的。

表 2-1 不同品种胚珠及种子形成数量

品种	胚珠数/个	饱满种子/粒	瘪种子/粒	种子饱满率/%
红花大金元	4325	3809	516	88.1
NC297	5173	3391	1782	65.6
MS 云烟 87	5020	3543	1477	70.6
MSK326	4979	3007	1972	60.4

注：表中数据为 10 个饱满蒴果的平均值

烟草可育品种转育成不育系品种时，雄蕊丧失产生正常花粉的功能，形态上主要表现在花丝萎缩、花药退化、整个雄蕊畸形等（图 2-5）。

（1）花药（anther）

不同品种的烟草花药，其颜色和外观形态不尽相同，均由 2 个药室组成（图 2-6）。药室内含有花粉囊，花粉囊是产生花粉的地方，花粉囊发育的初期是出现孢原细胞和原表皮，孢原细胞分化为壁细胞和造孢组织，壁细胞发育为纤维层、中层和绒毡层。绒毡层为花粉囊周围的特殊细胞层，绒毡层细胞较大，细胞器丰富，能适时地分解花粉母细胞和四分体的胼胝质壁，使小孢子彼此分离，并具有供应花粉粒发育所需养料等功能，绒毡层发育异常常导致雄性不育。花药由药隔分为左右对称的 2 个室，每室由假隔膜分开，当花药发育成熟后假隔膜消失成为一室。雌蕊发育成熟可以准备授粉时花药自行纵裂散出其中的花粉粒（图 2-7）。

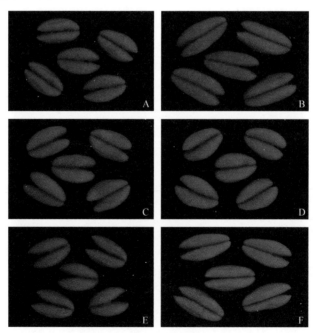

图 2-6 不同品种烟草花药形态

A.红花大金元；B.云烟 98；C.云烟 87；D.南江 3 号；E.云香巴斯玛 1 号；F.TN86

烤烟花药长度在 3.52～4.55mm、宽度在 1.55～2.54mm，花药随着花期的延长而逐渐变小，且这种变化在品种间存在差异，其中红花大金元变化最为明显，从中心花开放的第 0 天到第 50 天，花药大小从 4.44mm×2.53mm 逐渐减少至 3.52mm×1.55mm，长和宽分别减少了 0.92mm 和 0.98mm；其次是 NC297 和 K326，两品种花药长和宽均减少约 0.70mm。在同一花期花药的大小也与品种有一定的关系，在测量的 6 个品种中，以 NC297 最大，云烟 85 最小（表 2-2）。

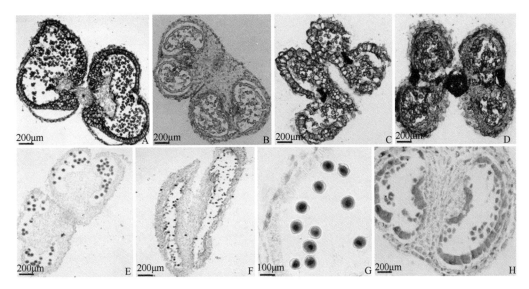

图 2-7　各烟草种花药切片观察

A～D. 冰冻切片，A. *N. alata* 成熟花药冰冻切片，成熟花药假隔膜消失，B. *N. debneyi* 发育中的花药，4 个花粉囊，C. *N. rustica* 花药，D. K326 花药；E～H. 石蜡切片，E. *N. stocktonii* 花药横切，该种药隔膜宽，F. *N. stocktonii* 花药纵切，从中可见成熟花粉分为 2 个药室，G. *N. stocktonii* 成熟花药中分散的花粉粒，H. *N. repanda* 花药横切，从中可见未退化的花药绒毡层，该层细胞较大

表 2-2　烤烟品种不同花期花药大小

花期	NC297	K326	红花大金元	云烟 85	云烟 87	云烟 97
0 天	4.55×2.54	4.45×2.49	4.44×2.53	4.11×2.31	4.18×2.37	4.10×2.30
5 天	4.58×2.47	4.32×2.32	4.16×2.29	3.96×2.24	3.96×2.30	3.96×2.18
10 天	4.56×2.47	4.16×2.16	4.10×2.32	3.96×2.16	3.86×2.18	3.92×2.15
15 天	4.52×2.44	4.15×2.11	3.96×2.31	3.85×2.08	3.89×2.11	3.88×2.07
20 天	4.27×2.30	4.20×2.06	3.90×2.31	3.87×2.06	3.91×2.08	3.86×1.96
25 天	4.20×2.22	4.15×2.13	3.79×2.09	3.91×2.05	3.92×2.04	3.90×2.02
30 天	4.04×2.14	4.16×2.11	3.67×1.06	3.80×1.89	3.88×1.95	3.94×1.95
35 天	4.03×2.07	4.21×2.13	3.73×1.95	3.80×1.94	3.79×1.97	3.86×2.04
40 天	3.99×2.02	3.96×2.09	3.73×1.87	3.77×1.93	3.78×1.97	3.74×1.96
45 天	3.97×1.90	3.98×1.96	3.70×1.80	3.68×1.94	3.69×1.93	3.65×1.91
50 天	3.85×1.83	3.83×1.83	3.52×1.55	3.65×1.86	3.63×1.85	3.61×1.89

注：花药大小单位以 mm×mm 表示，中心花开放当天花期记为第 0 天

烟草每朵花有 5 枚花药，平均每枚花药能生成 $4.12×10^4$～$6.74×10^4$ 个花粉粒，因此每朵花可产生 $2.06×10^5$～$3.37×10^5$ 个花粉粒，花粉粒数量的多少与品种、开花先后顺序有关。不同的烤烟品种在同一花期开放的花朵数量不同，云烟 97 每枚花药生成的花粉粒数量相对较多，红花大金元、云烟 87 相对较少。各品种 1 枚花药生成的花粉数量随着花期的延长而逐步减少，在中心花开放后的第 35 天至第 45 天出现急剧下降（表 2-3）。

表 2-3 不同花期单个花药生成的花粉数量

花期	NC297	K326	红花大金元	云烟 85	云烟 87	云烟 97
0 天	6.44	6.06	6.10	6.04	6.06	6.74
5 天	6.30	6.04	5.96	5.98	6.06	6.52
10 天	6.10	6.00	5.88	5.94	5.94	6.26
15 天	6.04	6.02	5.82	5.78	5.74	6.18
20 天	6.02	6.00	5.82	5.72	5.70	6.16
25 天	5.98	5.98	5.66	5.74	5.74	6.14
30 天	5.84	5.80	5.72	5.70	5.74	6.04
35 天	5.72	5.68	5.68	5.60	5.64	5.98
40 天	5.30	5.52	5.32	5.62	5.62	5.96
45 天	5.04	5.04	4.70	5.46	5.32	5.64
50 天	4.68	4.86	4.12	5.14	5.26	5.54

注：花粉粒数量以 $\times 10^4$ 粒表示，花期第 0 天为中心花开放当天

对中心花开放后第 15 天采集的花粉进行计数测量，1g 花粉含有的花粉粒数量为 $1.20 \times 10^8 \sim 1.49 \times 10^8$ 个，平均每个花粉粒质量为 $6.73 \times 10^{-9} \sim 8.43 \times 10^{-9}$ g，存在品种间差异（表 2-4）。

表 2-4 烤烟品种 1g 花粉粒含有花粉粒数量及单个花粉粒质量

品种	花粉数量/（粒/g）	花粉质量/（g/粒）
NC297	1.49×10^8	6.73×10^{-9}
K326	1.22×10^8	8.28×10^{-9}
红花大金元	1.20×10^8	8.43×10^{-9}
云烟 85	1.22×10^8	8.25×10^{-9}
云烟 87	1.25×10^8	8.00×10^{-9}
云烟 97	1.23×10^8	8.18×10^{-9}

（2）雌蕊

烟草柱头为二裂柱头，柱头表面有乳突细胞，柱头组织包括薄壁组织、维管束、传导组织，其中传导组织为花粉管生长通道，有明显的传导组织区域，花粉管在柱头上萌发后，在柱头和花柱连续的传导组织中生长进入子房胎座，从柱头至花柱基部传导组织的面积变小，梭形的传导组织细胞分泌花粉管生长所需的营养等物质到细胞间隙中，供其中的花粉管生长。从冰冻切片和石蜡切片结果发现：烟草子房为具假隔膜的 2 室子房，中轴胎座，胚珠多数，倒生（图 2-8）。

五、种子的形成

（一）有性生殖过程

花药孕育花粉粒，胚珠孕育胚囊，精细胞（精子）和卵细胞（卵子）分别在花粉粒和胚囊中产生，并经过传粉和受精作用完成有性生殖过程。

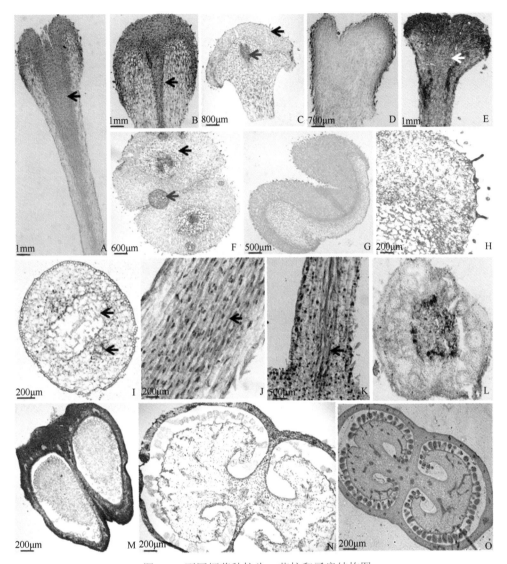

图 2-8　不同烟草种柱头、花柱和子房结构图

A，B. *N. stocktonii* 柱头花柱结构，箭头示传导组织；C. *Nta*（*gla.*）*S* K326 柱头结构，黑色箭头示传导组织，红色箭头示维管束；D. *N. repanda* 柱头花柱结构；E. *N. debneyi* 柱头花柱结构，箭头示传导组织；F. *Nta*（*gla.*）*S* K326 柱头横切，黑色箭头示传导组织，红色箭头示维管束；G. *N. alata* 柱头结构；H. *Nta*（*gla.*）*S* K326 柱头横切，可见柱头表面乳突细胞；I. *Nta*（*gla.*）*S* K326 花柱横切，箭头示传导组织；J. *N. stocktonii* 花柱纵切，箭头示传导组织；K. *N. stocktonii* 花柱基部纵切，箭头示传导组织；L. 子房靠近花柱基部横切，中间区域为胎座；M. *Nta*（*gla.*）*S* 子房纵切；N. *Nta*（*gla.*）*S* K326 子房横切，冰冻切片；O. *Nta*（*gla.*）*S* K326 子房横切，石蜡切片

1. 花粉粒的发生发育

（1）单核花粉粒（小孢子）的发生

花粉是花粉粒的总称，花粉粒是由小孢子发育而成的雄配子体。当烟草花蕾发育到一定大小时，在雄蕊原基表皮下形成孢原细胞，孢原细胞经一次平周分裂形成内外两层细胞，外层为初生壁细胞，内层为造孢细胞。初生壁细胞进行平周分裂形成内外两层次生壁细胞，连同外面的表皮共 3 层细胞。同时，造孢细胞进一步分化形成次生造孢组织，次生造孢细胞排列紧密、体积大、胞质浓厚、核仁大而显著，由其进行不断分裂分化而

发育成小孢子母细胞。小孢子母细胞周围开始沉积胼胝质，最终形成一层胼胝质壁。随着胼胝质壁不断增厚，小孢子母细胞由不规则的形状变成圆形，随后彼此分离开始进入减数分裂期，两次减数分裂形成 4 个单倍体小孢子，每个子细胞染色体数目是花粉母细胞的一半。这 4 个子细胞起初是连在一起的，称为四分体。不久，这 4 个细胞彼此分离，最后发育成单核花粉粒。单核花粉粒最后发育为成熟的花粉粒。

减数分裂各主要时期染色体行为的主要特征和异常现象如下。

前期 I 是减数分裂的特殊过程主要发生时期，通常人为划分为 5 个时期：①细线期；②偶线期；③粗线期；④双线期；⑤终变期。细线期（leptotene）是减数分裂的开始，细胞核增大，核内染色质浓缩，出现细丝状染色体，在核内缠绕成线团状；偶线期（zygotene）染色体逐步紧缩，同源染色体开始联会配对；粗线期（pachytene）染色体进一步短缩，但仍较长而且相互缠绕，配对的同源染色体彼此排斥，交叉结（chiasmata）明显；双线期（diplotene）染色体继续变粗变短，二价体开始分散，可以追踪其首尾，部分二价体的构型已能初步识别，可见"X""O""V"形状的二价体；终变期（diakinesis）染色体更为螺旋缩短，达到最小的体积，并移向核的周围，位于靠近核膜的地方，随后核仁、核膜消失，并出现纺锤丝，该时期染色体清晰，适合染色体计数。

中期 I（metaphase），大多数细胞正常配对的二价体排列于赤道板上；后期 I（anaphase），多数细胞中同源染色体能够均等分向两极，染色体数目减半；末期 I（telophase），两极染色体浓缩，减数第一次分裂完成后产生 2 个子核，在 2 个子核之间不形成细胞壁，胞质分裂为同时型。紧接着开始第二次分裂，其间期、前期染色体行为与减数第一次分裂相似，但时间较为短暂。在中期 II，2 组染色体分别排列在各自的赤道板上，赤道板的空间取向有相互近平行、同面相互垂直和异面相互垂直 3 种类型。随后，2 组染色体着丝粒分裂，姐妹染色体分开，各自向其两极移动，进入后期 II。到达两极后的 4 组子染色体呈团状进入末期 II。染色体到达两极后细胞进行胞质分裂形成四分体，四分体小孢子的排列方式有正四面体型（decussate type）、十字交叉型（tetrahedral type）和左右对称型（bilateral symmetry type）。

（2）单核花粉粒（小孢子）的发育

花粉母细胞经过减数分裂形成四分体，胼胝质壁溶解后小孢子被释放出来，此时小孢子呈圆形，细胞壁薄（单核花粉粒壁薄，质浓，核位于细胞中央）。在单核居中期（uninucleate microspore in center），细胞质变浓厚，而细胞核收缩位于细胞中央，细胞壁逐渐加厚，但有 3 处发生凹陷，将来形成萌发孔。单核花粉粒继续从绒毡层细胞中吸取营养而增大体积，随着体积增大，细胞质液泡化，并形成中央大液泡，液泡将细胞质和细胞核挤压到细胞的一侧使其紧贴细胞壁，此时为单核靠边期（uninucleate microspore in periphery）。接着细胞核在靠近细胞壁位置进行有丝分裂，进入二细胞花粉时期（2-celled stage）。此时形成 2 个子核，其中 1 个较小，为生殖核，另 1 个明显较大，为营养核。生殖核为纺锤形，核大，只含有少量细胞质和细胞器。营养核包括原来的大液泡及大部分细胞质和细胞器，并富含淀粉、脂肪及生理活性物质。烟草小孢子一直以二核状态存在，直到发育为成熟花粉粒。当花粉成熟时只有营养细胞和生殖细胞，此时的花粉粒称为二核期花粉粒。二核期花粉传粉后，在萌发的花粉管内由生殖细胞（核）进行一次有丝分裂而形成 2 个精细胞（精子），成为三核花粉粒。二核期花粉粒和三核期花粉粒通常又称为雄配子体，精子则称为雄配子。

下面以普通（红花）烟草 K326 和花烟草 *N. alata* 为例说明小孢子发生发育过程。图 2-9 中，A～X 为 K326 小孢子发生发育过程，有极少数细胞中出现了滞后染色体和染色体桥；其小孢子四分体构型有左右对称型、十字交叉型和正四面体型 3 种构型。

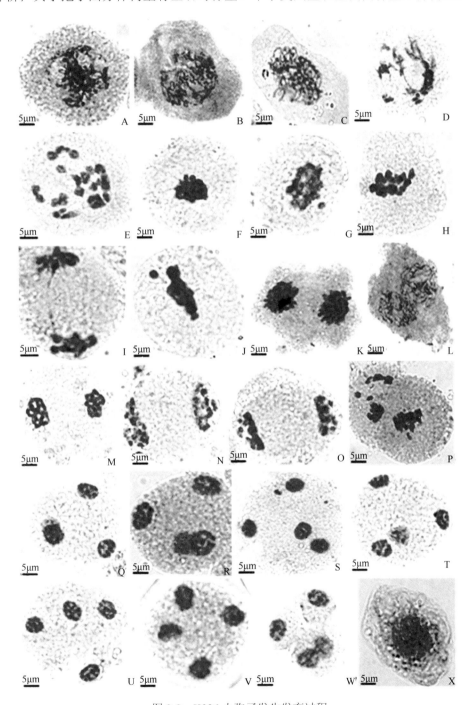

图 2-9　K326 小孢子发生发育过程

A～K.第一次减数分裂，A.细线期，B，C.粗线期，D.双线期，E.终变期，F～H.中期，I～K.后期；L～V.第二次减数分裂，L.细线期，M，N.终变期，O，P.中期，Q～V.末期；Q，R.正四面体型；S，T.左右对称型；U，V.十字交叉型；W，X.发育中的小孢子

N. alata 小孢子发生发育过程正常，减数分裂各时期未观察到染色体桥、断片、染色体滞后、不同步分裂、微核等异常现象，赤道板的空间取向为相互近平行，四分体为左右对称型和十字交叉型，小孢子发育正常（图 2-10）。

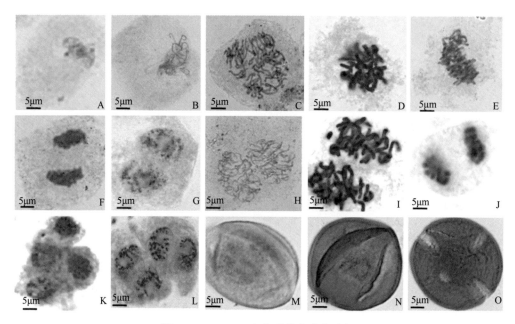

图 2-10　N. alata 小孢子发生发育过程

A～F.第一次减数分裂，A.前细线期，B.细线期，C.粗线期，D.双线期，E.中期，F.后期；G～L.第二次减数分裂，G.前细线期，H.细线期，I.双线期，J.中期，K.四分体，左右对称型，L.四分体，十字交叉型；M～O.小孢子发育，M.单核靠边期，N.二核居中期，O.成熟花粉粒

（3）花粉粒的形态结构

成熟的花粉粒有两层壁，内壁薄而柔软，具有弹性；外壁厚而坚硬，由于外壁增厚不均匀，花粉壁薄弱的区域常形成萌发孔或萌发沟。当花粉粒萌发时，花粉管由此伸出。

花粉的形态、大小、外壁纹饰及孔、沟数在遗传上是相当稳定的性状，且不随环境、气候、生长条件的变化而变化。不同种之间往往存在着显著的差异，是植物分类学上的重要依据。烟草花粉粒的长一般为 60～70μm，宽为 30～40μm，见表 2-5。

云烟 97 和云烟 100 的花粉粒极面观均为三裂圆形，萌发沟在极面上没有交会，形成沟间极区。赤道面观均为长球形，两者花粉粒大小相近（图 2-11：1A，1B，2A，2B）。但是两个品种花粉萌发孔和外壁纹饰有一定差异。云烟 97 为三孔沟，沟间区纹饰为清晰的条纹状，具穿孔。云烟 100 少数为四孔沟，花粉外壁纹饰近蠕虫状且具穿孔（图 2-11：1A，1B，1C，2A，2B，2C）。

2. 胚囊的发生发育

随着雌蕊发育，在子房胎座的一定部位出现一个很小的突起物，这个突起物称为珠心，珠心体积增大并从基部生出珠被，珠被基部的细胞生长加快，将珠心包围起来，形成胚珠（ovule）。烟草胚珠为倒生。胚珠的珠心由薄壁组织细胞组成，以后位于珠孔端内方的珠心表皮下出现一个体积增大、原生质浓厚、细胞器丰富、液泡化程度低的孢原

表 2-5　不同烟草品种花粉形态特征

品种	极面观	赤道面观	萌发孔	外壁纹饰
NC82	三裂圆形	长球形	三孔沟	条纹状，具有明显穿孔
红花大金元	三裂圆形	长球形	三孔沟	清晰的条纹状
K326	三裂圆形	长球形	三孔沟	条纹状，穿孔
云烟 87	三裂圆形	长球形	三孔沟	蠕虫状，具穿孔
云烟 97	三裂圆形	长球形	三孔沟	清晰的条纹状
云烟 98	三裂圆形	长球形	三孔沟	蠕虫状
云烟 99	三裂圆形	长球形	三孔沟	清晰的条纹状
云烟 100	三裂圆形，少数四裂圆形	长球形	三孔沟，少数四孔沟	蠕虫状
云烟 105	三裂圆形，少数四裂圆形	长球形	三孔沟，少数四孔沟	乱网纹状，具穿孔
云烟 317	三裂圆形	长球形	三孔沟	乱网纹状，具穿孔
coker 176	三裂圆形，少数四裂圆形	长球形	三孔沟，少数四孔沟	条纹状，具穿孔
TN86	三裂圆形，少数四裂圆形	长球形	三孔沟，少数四孔沟	清晰的条纹状，少数具不明显穿孔
古引 4 号	三裂圆形，少数四裂圆形	长球形	三孔沟，少数四孔沟	清晰的条纹状，少数具不明显穿孔
Maryland 609	三裂圆形	长球形	三孔沟	乱网纹状，具穿孔
云香巴斯玛 1 号	三裂圆形，少数四裂圆形	长球形	三孔沟，少数四孔沟	清晰的条纹状，少数具不明显穿孔
V2	三裂圆形，少数四裂圆形	长球形	三孔沟，少数四孔沟	条纹状，具穿孔
G28	三裂圆形	长球形	三孔沟	蠕虫状，具穿孔
K346	三裂圆形	长球形	三孔沟	条纹状，具穿孔
T64	三裂圆形	长球形	三孔沟	条纹状，具穿孔
吉烟 9 号	三裂圆形，少数四裂圆形	长球形	三孔沟，少数四孔沟	清晰的条纹状，具穿孔
闽烟 9 号	三裂圆形	长球形	三孔沟	条纹状，具穿孔
秦烟 96	三裂圆形	长球形	三孔沟	清晰的条纹状，具穿孔
秦烟 98	三裂圆形，少数四裂圆形	长球形	三孔沟，少数四孔沟	蠕虫状，少数具不明显穿孔
翠碧 1 号	三裂圆形	长球形	三孔沟	乱网纹状，具穿孔
中烟 101	三裂圆形	长球形	三孔沟	清晰的条纹状
中烟 103	三裂圆形	长球形	三孔沟	乱网纹状，具穿孔
南江 3 号	三裂圆形，少数四裂圆形	长球形	三孔沟，少数四孔沟	条纹状，具穿孔
豫烟 5 号	三裂圆形	长球形	三孔沟	乱网纹状，具穿孔

细胞（archesporial cell），孢原细胞不经分裂由楔形变为椭圆形，形成大孢子母细胞，即胚囊母细胞。

随着内外珠被的进一步延长，大孢子母细胞进入减数分裂时期，细胞核内的染色质逐渐凝聚成为线团状的染色体，随着染色体的进一步缩短加粗，大孢子母细胞发育到粗线期，核膜消失后进入中期。后期染色体被拉向两极，形成 2 个单倍体核。二分体（dyad）很快进入第二次分裂，分裂后每个细胞产生各自的细胞壁，成为 4 个含单倍核的大孢子，4 个大孢子做一直线排列。

大孢子四分体珠孔端的 2 个大孢子系由二分体珠孔端的细胞分裂产生。而合点端的 2 个大孢子系由二分体合点端的细胞分裂产生，珠孔端同一来源的 2 个大孢子先开始退化，然后二分体合点端细胞形成的第三个大孢子开始退化，留下最靠近合点端的 1 个大孢子即功能大孢子进一步发育。

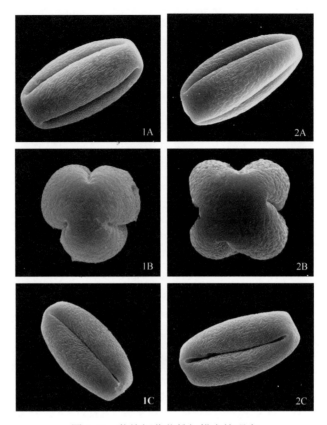

图 2-11　栽培烟草花粉扫描电镜观察

A.赤道面观；B.极面观；C.萌发孔及外壁纹饰特征；1.云烟 97，1A（×6500），1B（×9000），1C（×5500）；
2.云烟 100，2A（×5500），2B（×10000），2C（×6000）

随着功能大孢子的纵向伸长，出现液泡，功能大孢子发育成为单核胚囊（mononuclear embryo sac）；当大孢子长大到相当程度的时候，连续发生三次有丝分裂，第一次分裂形成 2 个核，2 个核依相反方向向胚囊两端移动，以后每个核又相继进行两次分裂，各形成 4 个核，每次分裂之后，并不伴随细胞壁的产生，所以出现一个游离核时期；以后每一端的 4 个核中，各有一个核向中央部分移动，这两个核称为极核（polar nucleus）；珠孔端剩余的 3 个核由细胞质和细胞壁包被起来形成 3 个细胞，居中的 1 个细胞体积稍大，称为卵细胞（ootid），两边 2 个较小的是助细胞（synergid），这 3 个细胞组成卵器；另外，胚囊合点端的 3 个核也都由细胞质和细胞壁包被起来形成反足细胞（antipodal cell）。以后中央的 2 个极核结合，形成 1 个大型的中央细胞（central cell），至花始开期，一个由单核胚囊到 7 细胞 8 核的胚囊（雌配子体）发育成熟。

以 Nta（gla.）S K326 为例说明大孢子发生发育过程。Nta（gla.）S K326 大孢子发生发育过程基本正常，但在大孢子发生过程中，观察的细胞中有极少数细胞中四分体合点端 3 个细胞退化，留下珠孔端的 1 个细胞，其余多数细胞中四分体珠孔端 3 个细胞退化，留下合点端 1 个细胞继续发育为 8 细胞 7 核胚囊；珠被绒毡层在雌配子体发育时期才开始消失（图 2-12）。

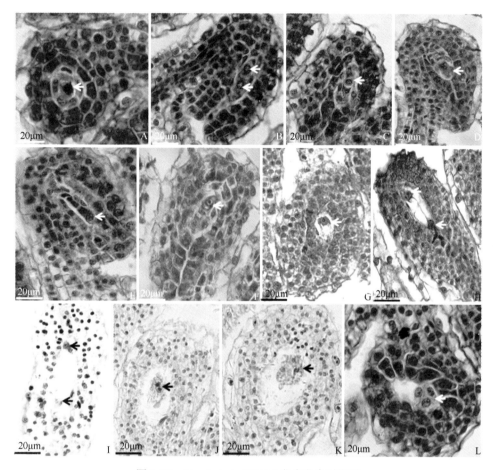

图 2-12　*Nta*（*gla.*）*S* K326 发生发育时期图

A.孢原细胞；B.二分体；C.四分体；D、E.四分体，合点端 3 个细胞退化；F.四分体，珠孔端 3 个细胞退化；
G.单核胚囊；H.二核胚囊；I.四核胚囊；J.极核；K.卵细胞和助细胞；L.反足细胞

3. 授粉（pollination）

烟草为自花授粉植物，常规可育品种的花药成熟后，花粉囊裂开，花粉粒自然洒落在柱头表面（图 2-13），实现自花授粉。

对于雄性不育系或杂交烟草品种，需要通过人工收集父本花粉后，用棉签或粉刷将花粉涂抹到母本雌蕊柱头上，为了保证种子纯度和种子质量，一般在含蕾后期至花始开期进行授粉（图 2-14）。

经验证，1g 纯花粉约可授粉 2500 余朵花，平均每授 1 朵花约需纯花粉 0.39mg。若在 1g 纯花粉中分别加入等质量的可溶性淀粉、蔗糖、葡萄糖，配置成介质花粉进行授粉，由于添加的介质对花粉进行了稀释，可授粉花朵数分别为 3845 朵、3355 朵和 3430 朵，平均每授粉 1 朵花所需纯花粉量依次为 0.26mg、0.30mg 和 0.29mg。试验证明，使用介质花粉进行授粉可增加授粉花朵数量，降低每朵花的纯花粉用量，能节约 23.1%～33.3%的纯花粉用量，具体数量与花粉介质的密度、粉末颗粒大小等密切相关（表 2-6）。

图 2-13　自花授粉

图 2-14　人工辅助授粉

表 2-6　花粉介质中不同糖类对田间授粉花粉用量的影响

处理	1g 纯花粉授粉花朵数/朵	授粉 1 朵花纯花粉用量/mg
纯花粉（CK）	2535	0.39
花粉∶可溶性淀粉=1∶1	3845	0.26
花粉∶蔗糖=1∶1	3355	0.30
花粉∶葡萄糖=1∶1	3430	0.29
花粉∶可溶性淀粉∶蔗糖=2∶1∶1	3595	0.28
花粉∶可溶性淀粉∶葡萄糖=2∶1∶1	3645	0.27
花粉∶可溶性淀粉∶蔗糖∶葡萄糖=3∶1∶1∶1	3520	0.28
（定格对其）花粉∶蔗糖∶葡萄糖=2∶1∶1	3390	0.29

注：花粉与介质按质量比进行配合

完成授粉的柱头和花柱会逐渐凋谢,由绿色慢慢变成黑色,最后脱离烟株(图 2-15)。

图 2-15 授粉后柱头变化

A. 授粉前;B. 授粉后 0 天;C. 授粉后 1 天;D. 授粉后 2 天;E. 授粉后 3 天;F. 授粉后 4 天;
G. 授粉后 6 天;H. 授粉后 8 天

4. 受精（fertilization）

精细胞与卵细胞相互融合的过程称为受精。烟草的卵细胞位于子房内胚珠的胚囊中,而精细胞在花粉粒中,因此,精细胞必须依靠花粉粒在柱头上萌发形成花粉管向下传送。二核期花粉在萌发的花粉管内由生殖细胞进行一次有丝分裂形成 2 个精细胞（精子）,经过花柱进入胚囊后进行受精作用。

（1）花粉的萌发和花粉管的伸长

花粉落到烟草柱头上后,在柱头分泌物的刺激下,花粉在柱头上大量萌发,萌发孔伸出花粉管,花粉管不断生长进入花柱传导组织,最后进入子房。以♀*N. debneyi*×♂K326

杂交组合为例说明花粉在雌蕊上的生长表现。

K326 对 *N. debneyi* 授粉 2h 后花粉管开始萌发（图 2-16-A），6h 后花粉管大量生长进入花柱传导组织（图 2-16-B），16h 后已生长进入子房（图 2-16-C，图 2-16-D），经压片观察可看到子房中有大量花粉管（图 2-16-E）。

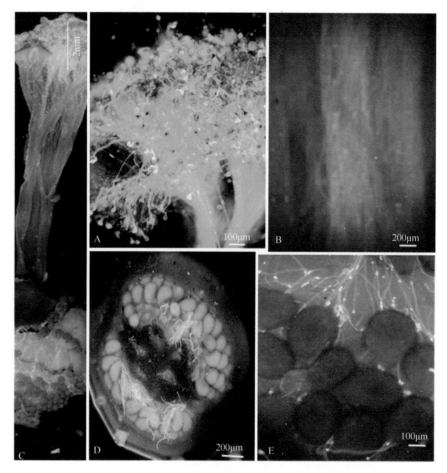

图 2-16 ♀*N. debneyi*×♂K326 授粉后花粉管在雌蕊中的生长和行为
A.花粉粒在柱头上大量萌发；B.花粉管在花柱中顺利生长；C.花粉萌发，花粉管在雌蕊中生长全图；
D.子房全图及其中的花粉管；E.子房中的花粉管

（2）双受精过程

烟草花粉管穿过珠孔后，径直朝向助细胞丝状器，从而进入胚囊。花粉管穿入两个助细胞中的一个后，顶端破裂（形成一个孔），将两个精细胞、一个营养核和其他内含物释放于胚囊。一个精细胞与卵细胞融合，然后精核迁移与卵核连接、融合形成受精卵（合子），受精卵将来发育为胚；另一个精子与中央细胞（两个极核）融合，形成三倍体的初生胚乳核，将来发育成胚乳。

烟草雌雄配子的融合模式是以精细胞形式参与融合，即雌雄配子的质膜融合—细胞质融合—内质网桥—核膜融合模式。由于雌雄配子之间的融合，雄配子的质膜参与融合产物细胞膜的构建，内膜系统没有遭受破坏，雌雄核的外膜与内质网连接，进而以内质网桥的形式最终导致雌雄核膜的融合。两个精细胞分别与卵和中央细胞接触，双方相靠的质膜从一个位点开始融合，然后多个位点融合，融合的膜逐渐崩解，直到精细胞的细胞质与细胞核完全融于雌性细胞内，也就是精细胞的质膜参与合子质膜的建成。

（3）受精后的变化

卵细胞受精后，花的各部分发生显著变化，花冠逐渐枯萎，花萼宿存，雄蕊及雌蕊的柱头和花柱凋萎，子房膨大，子房内的胚珠发育成种子，子房发育成蒴果，花柄成为果柄。蒴果成熟后，花萼缩存包被在蒴果外面，比蒴果略短。

（二）烟草种子的形成和发育

双受精之后，胚珠发育成种子。烟草种子属于双子叶有胚乳种子，由胚、胚乳和种皮3部分组成。

1. 胚的发育

胚（embryo）是新一代植物体的雏形。胚的发育是从合子的分裂开始的。合子横分裂为两个异质细胞，近珠孔端的一个较大，称为基细胞（柄细胞），近合点端的一个较小，称为顶细胞（胚细胞）。顶细胞以后发育，进行多次分裂形成胚体。基细胞分裂主要形成胚柄，或者部分也参加胚体的形成。胚柄能将胚体推入胚乳，有利于从胚乳中吸收养分，它也能从外围组织中吸收养分和加强短途运输，此外胚柄还能合成激素。胚的发育分为原胚阶段和胚的分化与成熟阶段两个时期。

顶细胞首先进行两次相互垂直的纵分裂，形成4个细胞，然后每个细胞又各自进行一次横分裂，产生八分体。此后，八分体经各方向连续分裂，形成了多细胞的球形原胚。球形胚以后的发育是顶端部分两侧细胞分裂快，形成两个突起，使胚呈心形，称为心形胚期。这两个突起以后发育成两片子叶，两片子叶中间凹陷部分逐渐分化成胚芽。与此同时，球形胚体基部细胞和与它相接的那个胚柄细胞不断分裂，共同分化为胚根。胚根与子叶间的部分为胚轴。此时完成幼胚分化。

烟草子房完成双受精形成合子后，经过约6天的休眠，开始第一次横向分裂形成二细胞原胚，以后原胚进一步分裂，至8天时已进入球形胚期，此时的胚通过胚柄与珠被绒毡层相连。以后其发育加快，15天时胚呈心形，此时胚柄已退化，靠近胚处的胚乳细胞因胚的生长而分解，细胞数目开始减少，此后胚的生长分化加快，体积迅速扩大，分化出两片子叶，积累贮藏物质（图2-17）。

2. 胚乳细胞的增殖

烟草属于细胞型胚乳，胚乳首先在胚囊细胞四周形成胚乳囊，而后向内分裂增殖，最终充满整个胚囊。烟草子房授粉后1天左右完成双受精，一个精核与中央细胞（两个极核）融合形成初生胚乳核。花后3天时初生胚乳细胞第一次分裂，至花后6天胚囊中已有多个胚乳细胞。随着胚囊的快速增大，胚乳细胞的增殖也很迅速，至花后11天，胚乳细胞数已达最大值（每粒种子约1200个）。此后部分胚乳细胞因供胚生长而被分解，胚乳细胞数逐渐下降，到种子成熟时降至最大值的一半左右。烟籽胚乳细胞是由胚囊中心向四周扩展并迅速充满胚囊，并发现发育初期的胚乳细胞体积很大，内含物很少（图2-18）。

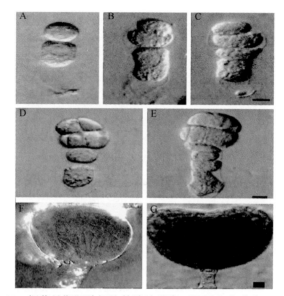

图 2-17　烟草早期胚胎细胞的连续观察（邹颉和李世升，2013）

A. 2-细胞原胚期；B. 3-细胞原胚期；C. 4-细胞原胚期；D. 8-细胞原胚期；E. 16-细胞左右早前期球形胚期；
F. 晚期球形胚期；G. 心形胚期

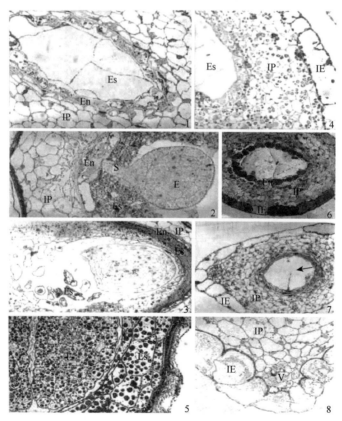

图 2-18　烟草（NC89）双受精后胚和胚乳的发育（陈刚等，1998）

E.胚；En.珠被绒毡层；Es.胚乳；IE.珠被表层细胞；IP.珠被薄壁组织细胞；S.胚柄；V.维管束；1.花后 5 天，胚乳细胞体积很大，充满整个胚囊。2.花后 15 天，胚的结构；3.花后 18 天，胚乳细胞正在解体；4.花后 6 天，希夫碱染色；5.花后 6 天，希夫试剂染色，淀粉粒成红色；6.花后 5 天，珠被表层细胞核、珠被绒毡层被苏丹黑 B 染成黑色；7.花后 6 天，种子横切，箭头所指为未发育完全的维管束；8.花后 10 天，种脐处的维管束已发育完全

3. 烟草种子的形态建成

烟草种皮是由珠被发育形成的，包括胶质透明层、木质厚壁细胞层、薄壁细胞层和角质化细胞层，是珠被表层细胞、珠被薄壁组织细胞、珠被绒毡层退化的产物。烟草种子表面具有凹凸不平的波状花纹，不同烟草种子的表面花纹结构存在着明显的差异。这种表面花纹是由珠被表层细胞内壁加厚、细胞失水所致。

不同烟草品种种子的大小差异不显著，一般长 0.59～0.80mm，宽 0.41～0.58mm，属于小型种子。种子基本形状为扁卵形、长椭圆形、扁椭圆形、近椭圆形，棕色或深棕色，种脐均为乳突状。种子表面呈网纹状，网脊细，轮廓清晰，表面细胞凹陷形成网眼，网眼浅且大小均一，种子表面均有絮状附属物（图 2-19）。

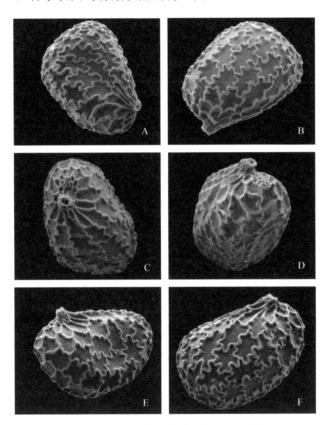

图 2-19　不同烟草品种种子种皮表面形态
A. 红花大金元（×350）；B. MSK326（×350）；C. MS 云烟 85（×350）；D. 云烟 105（×400）；
E. 云烟 201（×350）；F. 云烟 97（×350）

六、种子的成熟

种子的发育与成熟过程，实质上就是胚从小长大，以及营养物质在种子中的转化和积累过程。在烟草种子成熟过程中，营养器官中的营养物质，以可溶性的小分子化合物状态运到种子中，在种子中转变为不溶性的高分子化合物（如淀粉、蛋白质和脂肪等）贮藏起来。同时，种子的呼吸作用、种子的含水量和内源激素含量也发生相应的变化。

烟草种子的成熟顺序同开花顺序基本一致，就整株而言，茎顶端的中心果先成熟，其次是各个主枝基部蒴果成熟，顺序地向顶端延伸，次生花枝顶端形成的蒴果成熟较晚。

成熟的烟草种子千粒重一般为 60～100mg，不同的品种千粒重不同，见表 2-7。不同成熟时期采收的种子，千粒重也有差异。因此，种子成熟度的把握是成熟种子采收的关键。

表 2-7　不同烤烟品种种子的千粒重

序号	品种	千粒重/mg	序号	品种	千粒重/mg
1	云烟 87	67.7～89.3	13	云烟 203	82.7～89.2
2	红花大金元	82.0～87.6	14	NC71	76.0～82.8
3	云烟 85	76.5～87.8	15	NC102	75.7～82.2
4	K326	73.1～88.0	16	NC297	74.8～93.3
5	云烟 97	72.3～90.0	17	NC55	77.9～85.2
6	云烟 98	65.4～86.2	18	KRK26	73.8～81.1
7	云烟 99	88.3～101.4	19	PVH1452	71.3～77.8
8	云烟 105	68.0～93.0	20	云烟 205	84.1～88.5
9	云烟 100	62.3～88.7	21	G28	81.1～88.6
10	云烟 110	69.0～87.4	22	V2	78.2～80.9
11	云烟 201	80.3～89.8	23	RGH51	82.2～87.4
12	云烟 202	77.4～84.9	24	CC27	71.2～76.0

（一）种子成熟过程的形态变化

1. 不同发育时期烟草蒴果和种子的颜色变化

随着烟草蒴果和种子的发育成熟，蒴果果皮的色泽变化规律为绿色、浅绿色、浅褐色、褐色、深褐色；萼片的色泽变化规律为绿色、浅绿色、浅黄色、褐色、深褐色；种子的色泽变化规律为白色、浅黄色、浅褐色、褐色、深褐色（图 2-20）。

2. 不同发育时期烟草种子种皮的色差变化

利用色差仪测量授粉后不同时间烟草种子的种皮色差，显示不同品种的种子种皮色差值不同，但变化趋势一致，随着种子的发育，种皮的色差值逐渐增大，授粉 29 天后色差值趋于稳定（图 2-21）。

3. 不同发育时期烟草种子的表面形态

烟草种子自发荧光强度较强（在特定参数下荧光呈现为绿色），授粉 23 天后烟草种子均已呈现出较强的荧光特性，利用共聚焦显微镜可以很好地提取到种脊的立体图像（图 2-22）。烟草种子形态呈卵形或扁卵形，每个品种不同种子的个体形态并不一致，均表现出一定差异。种子大小在授粉后 23～35 天变化不大，说明种子大小（体积）在授粉后 23 天已经基本固定。同一烟草品种不同发育时期的种子表面结构基本稳定，种子表面皱缩形成凹凸不平的表面花纹（种脊突起）。烟草种子表面花纹均由种脐处发出的隆起种脊弯曲而成，呈网状交叉。表面花纹的存在，增大了种子的表面积，有利于种子播种时快速吸水萌发。表面花纹在种脐处较粗、较深、较密、弯曲度低。

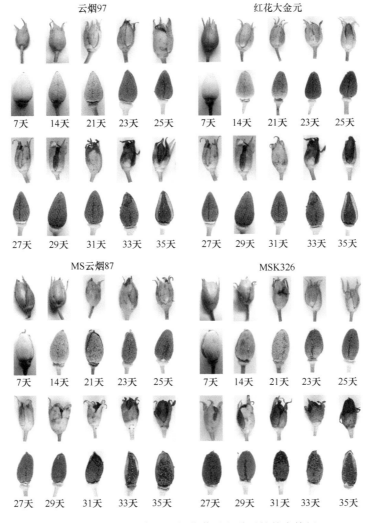

图 2-20 不同发育时期烟草蒴果和种子的外表特征

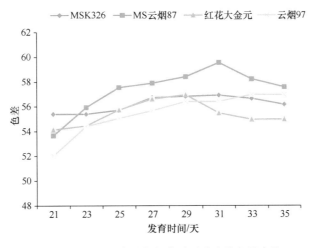

图 2-21 不同发育时期烟草种子种皮的色差变化

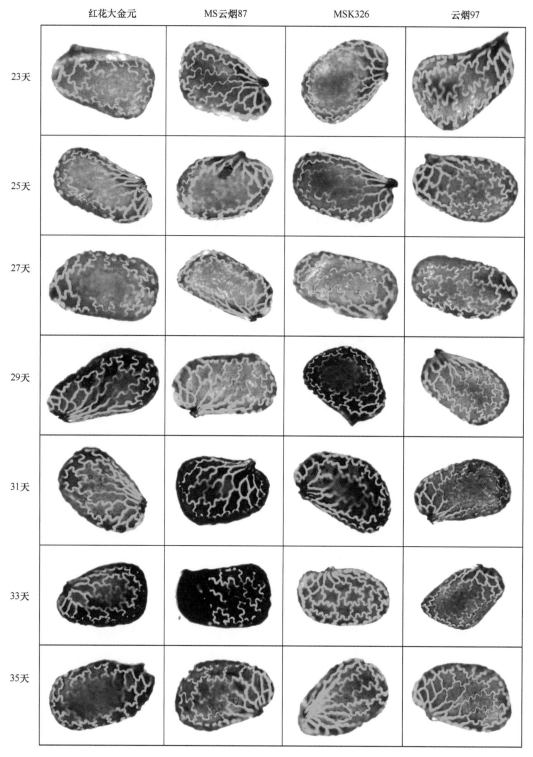

图 2-22　不同发育时期烟草种子的表面形态

4. 不同发育时期烟草种子的大小变化

利用激光共聚焦显微镜测量不同发育时期烟草种子的长度和宽度，烟草种子的长和宽随着种子发育逐渐增大，一般在授粉 21 天后逐渐稳定（图 2-23）。

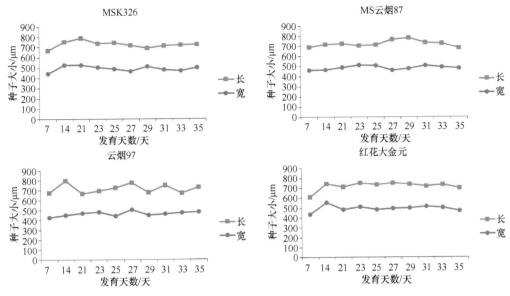

图 2-23 不同发育时期烟草种子的长、宽变化

（二）种子成熟过程的生理生化变化

1. 不同发育时期烟草蒴果和种子相对含水量的变化

随着蒴果和种子的发育成熟，烟草蒴果和种子相对含水量呈逐渐下降的趋势。授粉后 7～23 天种子相对含水量急剧下降，从 90% 降到 50% 左右，之后下降趋缓，授粉后 31 天，种子相对含水量降至 20% 左右，之后趋稳。授粉后 7～29 天，蒴果相对含水量下降比较缓慢，从 90% 降至 70% 左右，29 天之后急剧下降，至 35 天，降至 40% 左右（图 2-24）。

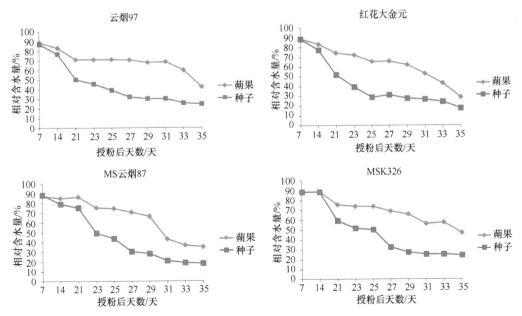

图 2-24 不同发育时期烟草蒴果和种子相对含水量的变化

2. 不同发育时期烟草种子可溶性糖、淀粉、脂肪、蛋白质含量的变化

随着烟草种子的发育成熟，种子中可溶性糖的含量呈现下降的趋势，7～21 天下降最为明显，之后维持在一定水平，不同烟草品种种子的可溶性糖含量不同，云烟 97 种子可溶性糖含量最高，到 35 天时仍有 11.22%，比其他三个品种高 2 倍多（图 2-25）。

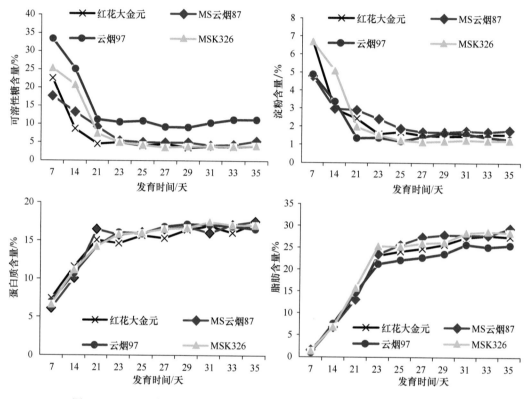

图 2-25　不同发育时期烟草种子可溶性糖、淀粉、脂肪、蛋白质含量的变化

随着烟草种子成熟度增加，4 个品种种子中淀粉含量呈现下降的趋势（图 2-25），变化趋势几乎与可溶性糖含量的变化一致。因此，烟草种子成熟的过程，就是种子内部糖分含量下降的过程。烟草种子淀粉含量并不高，在 35 天时，4 个品种均为 1.5%左右。结合种子中可溶性糖含量的变化规律，说明随着烟草种子的成熟，种子中的可溶性糖并没有转变为淀粉，而是随着烟草种子的发育成熟，种子内部可溶性糖和淀粉逐渐转化为油脂。

烟草种子的蛋白质和脂肪含量在发育的 7～21 天逐步增加，之后趋于稳定，蛋白质含量在小范围波动，变化幅度不大，成熟的烟草种子蛋白质含量为 16%左右、脂肪含量为 27%左右，说明烟草种子属于高油高蛋白种子。

3. 不同发育时期烟草种子氨基酸含量的变化

随着种子的发育成熟，氨基酸含量增加。授粉后 7 天，14 种氨基酸均可测出，且在种子中的积累量基本与种子成熟度保持一致。因此，种子成熟过程可以看成氨基酸积累的过程。但是不同氨基酸的含量差异很大，丝氨酸含量最高，半胱氨酸含量最低（图 2-26）。

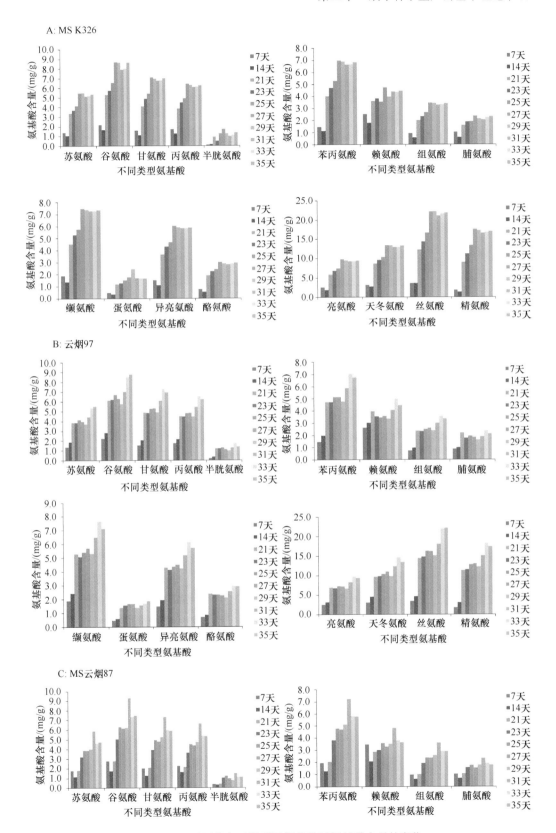

图 2-26　不同发育时期不同烟草种子氨基酸含量的变化

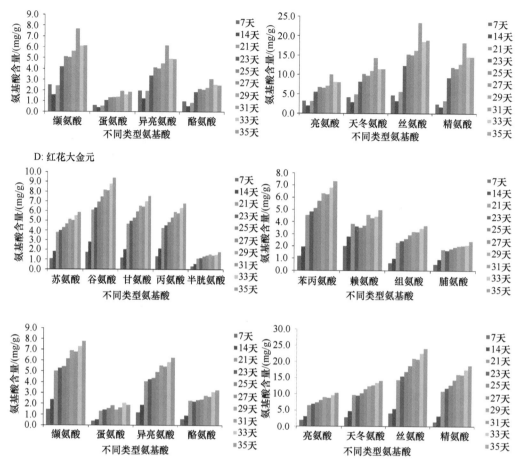

图 2-26　不同发育时期不同烟草种子氨基酸含量的变化（续）

4. 不同发育时期烟草种子内 ABA 和 GA 的变化规律

随着烟草种子的发育成熟，种子中 ABA 的含量呈现下降的趋势（图 2-27）。在授粉后 7～21 天下降最为明显，21～35 天几乎不变。ABA 的变化规律与可溶性糖和淀粉含量的变化规律相似，说明种子内部物质变化最剧烈的时间发生在授粉后 7～21 天。

烟草种子内部 GA 的变化规律整体呈现出先积累后下降的趋势，在授粉后 14 天达到最高，然后出现下降。然而授粉后 23 天时 GA 的含量均高于 21 天（图 2-27）。

5. 不同发育时期烟草种子种皮叶绿素荧光值及果皮叶绿素荧光值的变化

种子成熟过程中，种子种皮内的叶绿素会逐渐分解，成熟度高的种子叶绿素含量低。采用种子成熟度分析仪（SA-10）测量种子种皮内叶绿素发出的荧光强度，结果表明，烟草种子种皮叶绿素荧光值在授粉后 7～23 天呈快速下降趋势，不适宜进行采收；授粉后 25～29 天，种子种皮叶绿素荧光值趋于平稳，维持在 200pA 左右；授粉后 31～35 天，不同品种间种子种皮叶绿素荧光值出现小幅变化，变化规律不尽相同。由此可见，授粉后 25～29 天的种子，其种皮叶绿素荧光值变幅较小，种子成熟度高，适合于种子采收（图 2-28）。

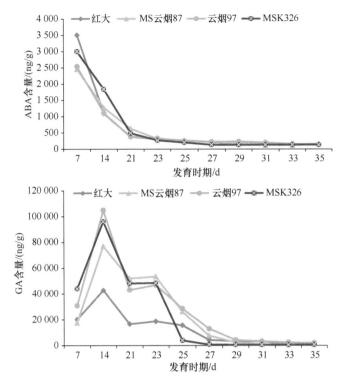

图 2-27 不同时期烟草种子中 ABA 和 GA 含量的变化

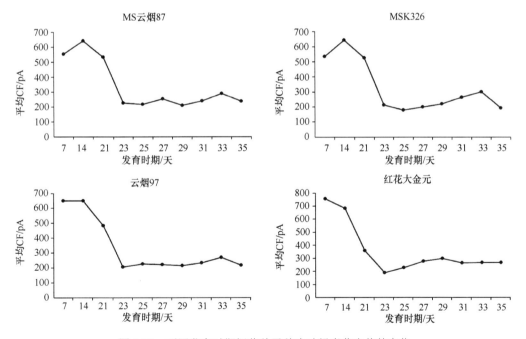

图 2-28 不同发育时期烟草种子种皮叶绿素荧光值的变化

烟草种子在发育过程中，蒴果果皮颜色变化规律为绿色、浅绿色、浅褐色、褐色、深褐色，果皮的叶绿素荧光分析表明，随着种子的发育进程，烟草蒴果果皮叶绿素荧光值逐渐降低。授粉后 7～27 天，果皮叶绿素荧光值下降幅度大；授粉 29 天之后果皮叶绿素荧光值趋于平稳，变化幅度较小（图 2-29）。该试验结果与种子种皮叶绿素荧光值变化规律比较发现，授粉后 29 天，果皮叶绿素荧光值及种皮叶绿素荧光值均处于较低水平，且变幅小，稳定，适于进行采收。

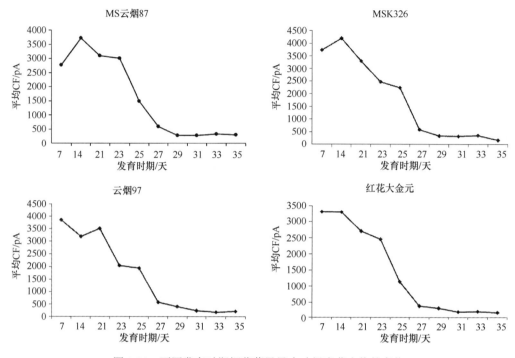

图 2-29　不同发育时期烟草蒴果果皮叶绿素荧光值的变化

第二节　纯系学说和遗传平衡定律与烟草种子生产的关系

烟草属于特殊的经济作物，叶片是烟草的主要效益器官。种子是烟叶生产的基础，烟草种子的繁殖和生产与其他主要作物大致相似。

一、纯系学说的概念及其对烟草种子生产的指导意义

（一）纯系学说的概念

纯系学说（pure line theory）是丹麦植物学家约翰森（W. L. Johannsen，1857～1927）根据菜豆选种试验研究结果于 1903 年提出的。所谓纯系，是指一个基因型个体自交产生的后代，其后代群体的基因型也是纯合的，即由纯合的个体自花受精所产生的子代群体是一个纯系。关于纯系学说，约翰森认为在自花授粉植株的天然杂合群体中，可分离出许多基因型纯合的纯系。因此，在一个由若干个纯系组成的混杂群体内进行选择是有效的，但是在纯系内个体间表现型所表现的差异，只是环境的影响，因其基因型相同，是不能遗传的。所以，在纯系内继续选择是无效的。约翰生根据他的试验结果，首次提出了基因型和表现型这两个不同的概念，区分了遗传的变异和不遗传的变异，指出了选择遗传的变异的重要性，为育种和种子生产提供了理论基础。

（二）纯系学说对烟草种子生产的指导意义

烟草种子生产的中心任务之一是保纯防杂。在种子生产中，在保持品种真实性的前提下，品种纯度的高低是种子质量的首要指标。为保持所生产种子的纯度，需要在相应的理论指导下制定各种保纯防杂的措施。

自花授粉作物品种的种子生产，从理论上讲是纯系种子的生产。但是在实际生产中，绝对的完全的自花授粉几乎是没有的。由种种原因的影响，总会存在一定程度的天然杂交，从而引起基因的重组，或者可能发生各种自发的突变，产生变异个体，使所生产种子的纯度不能达到 100%，这些都是自花授粉作物产生变异的主要原因。因此，种子生产必须注意充分隔离，防止混杂退化。同时，植物性状是个复合体，由于大多数作物的经济性状是数量性状，是受微效多基因控制的，因此完全的纯系是没有的。所谓"纯"只能是局部的、暂时的和相对的，随着繁殖的扩大，必然会降低后代的相对纯度。因此，现代种子生产中要求尽可能地减少种子的生产代数。对生产应用较长时间的品种，必须注意防杂保纯或提纯复壮。

纯系学说对种子生产的另一个重要影响是，在理论和实践上提出了自花授粉作物单株选择的重大意义。在自交作物三年三圃制原种生产体系中，可以按照原品种的典型性，采取单株选择、单株脱粒原则，对株系进行比较，混系繁殖，一步步进行提纯复壮，生产种子。

二、遗传平衡定律及其对烟草种子生产的指导意义

（一）基因频率与基因型频率

基因频率是指在某一群体中，某个等位基因占该位点等位基因总数的比例，也称等位基因频率。基因型（genotype）频率是指在某一群体中，某个特定基因型占该群体所有基因型总数的比例。基因型是每代在受精过程中由父母所携带的基因组成的，它是描述群体遗传结构的重要参数。

自花授粉作物长期靠自交繁殖，以一对杂合基因型为 Aa 的个体为例，经过连续的自交，后代中纯合基因型 AA 和 aa 个体出现的频率将会有规律地逐代增加，而杂合基因型 Aa 个体出现的频率将会有规律地逐代递减。理论上自交各代纯合基因型频率按公式 $1-(1/2)^n$ 计算，杂合基因型频率按公式 $(1/2)^n$ 计算，其中 n 为自交代数。

（二）遗传平衡定律

在群体遗传学中，表现型、基因型和等位基因频率之间关系的一个重要原则就是基因型的比例在世代传递中不会改变。因此，群体中个体的等位基因频率的分布比例和基因型的分布比例（频率）世代维持恒定。这是群体遗传学的一个基本原则，是英国数学家 Hardy 和德国医生 Weinberg 于 1908 年应用数学方法探讨群体中基因频率变化所得出的结论，即遗传平衡定律（又称 Hardy-Weinberg 定律）。遗传平衡定律（law of genetic equilibrium）的完整定义是，在一个大的随机交配的群体内，如果没有突变、选择和迁移因素的干扰，则基因频率和基因型频率在世代间保持不变。或者说，一个群体在符合

一定条件的情况下，群体中各个体的比例可从一代到另一代维持不变。

以上述群体为例，设等位基因 A 和 a 的基因频率分别为 p 和 q，则 3 种基因型的频率分别为

基因型	AA	Aa	aa
频率	$P=p^2$	$H=2pq$	$Q=q^2$

如果个体间的交配是随机的，则配子之间的结合也是随机的，于是可得到如下结果（表 2-8）。

表 2-8 随机交配群体的基因型及其频率

雌配子及其频率	雄配子及其频率	
	A_1：p	a_1：q
A_1：p	A_1A_1：$p×p=p^2$	A_1a_1：$p×q=pq$
a_1：q	A_1a_1：$p×q=pq$	a_1a_1：$q×q=q^2$

下代 3 种基因型的频率分别为

基因型	A_1A_1	A_1a_1	a_1a_1
频率	$P_1=p^2$	$H_1=2pq$	$Q_1=q^2$

这与上代 3 种基因型的频率完全一致，因此就这对基因而言，群体已达到平衡。

要维持群体的遗传平衡需要一定的条件，或者说这种遗传平衡受一些因素的影响。这些条件和因素是：①群体要很大，不会由任何基因型的传递而导致频率随意或太大的波动；②必须是随机交配而不是选择交配；③没有自然选择，所有的基因型（在一个座位上）都同等存在，且有恒定的突变率，即由新突变来替代因死亡而丢失的突变等位基因；④不会因迁移而产生群体结构的变化。如果缺乏这些条件则不能保持群体的遗传平衡。遗传平衡所指的种群是理想的种群，在自然条件下，这样的种群是不存在的，这也从反面说明了在自然界中，种群的基因频率迟早要发生变化，也就是说种群的进化是必然的。

（三）遗传平衡定律对烟草种子生产的指导意义

在长期自由授粉的条件下，异花授粉作物品种群体的基因型是高度杂合的。品种群体内各个体的基因型是异质的，没有基因型完全相同的个体。因此，它们的表现型多种多样，没有完全相似的个体，缺乏整齐一致性，构成一个遗传基础复杂又保持遗传平衡的异质群体。它们的遗传结构符合 Hardy-Weinberg 定律。异花授粉群体内个体间随机交配繁殖后代，假如没有选择、突变、遗传漂移等影响，其群体内的基因频率和基因型频率在各世间保持不变，即保持遗传平衡。但实际上由于对群体施加人工选择，再加上自然突变、异品种杂交和小样本引种等因素，不可避免地对异花传粉作物品种的纯度产生影响，从而影响种子质量。烟草种子繁殖系数大，种子小，在种子生产时，必须要有严格的隔离条件，做好去杂去劣，以防止种子的混杂和劣变。

第三节 烟草品种混杂退化及其控制

烟草种子生产过程中，随着繁殖代数的增加，可能会发生品种混杂退化现象。混杂

是指一个品种中混进了其他品种或异作物的种子；而退化是指一个优良品种在使用过程中失去典型性状的现象。作物品种在栽培过程中逐渐丧失其原有的优良性状并能遗传给下代的现象称为品种退化，表现出：植物学性状多变（叶片变窄或变宽），产量降低，品质变劣，抗性减弱等。主要由不适宜的栽培条件，或天然杂交及突变等所致。混杂、退化虽属两个不同的概念，但二者常有共同的表现和联系（张宏生等，2012）。

品种退化有两种论说，第一种论说认为品种退化是生活力逐渐衰退的结果。因此，主张用人工辅助授粉、异地换种等方法来提高种子生活力，达到防止品种退化的目的。第二种论说认为品种退化是品种对环境条件的一种适应性，是自然选择作用的结果，是有生命的品种的一种必然的自然现象。人们可以延缓品种退化过程，延长品种利用时间，主要是通过加强人工选择，搞好良繁体系，改善栽培条件，做好品种管理工作。

两种论说都有其道理，研究认为，变异是退化的前提，有了变异才有可能发生退化。变异大的性状，也较容易退化。烟草新品种推广后，在遗传组成上，建立了新的遗传平衡，并保持稳定。在不利的环境条件下，或管理不当的情况下，由于突变、迁移和遗传漂移等影响，新品种的基因型频率和基因频率发生变化，遗传平衡受到破坏，在自然选择作用下，种性改变，趋向变劣，失去品种典型性，表现退化。不良的环境条件有时也会直接引起品种退化。

混杂退化使烟草品种的纯度降低，性状典型性下降，种性变劣，对烟叶生产安全危害极大：①导致烟株生长发育不一致，整齐度差，常表现为烟株个体间在株高、株型、叶形、节距、需肥需水规律等方面参差不齐；②致使烟株抗逆性衰退，对各种不良条件的适应力变弱；③造成品种纯度降低，种子质量下降，严重影响优良品种的群体结构；④破坏原有品种的产量和品质构成因素，致使烟叶产量下降，品质变劣。

一、烟草品种混杂退化的原因

（一）遗传因素

1. 群体基因频率和基因型频率的不稳定

一个品种具有相对稳定的遗传性，在品种群体中不同基因和不同基因型所占的比例分别称为基因频率和基因型频率（杨铁钊，2011）。在没有外来因素的干扰时，群体中基因频率和基因型频率都是相对稳定的，在各世代中均保持不变，这一规律称为"生物群体的遗传平衡法则"。处于遗传平衡状态的群体，表现纯度高，田间表现一致，具有品种的典型性。遗传平衡是品种群体保持相对稳定的遗传学基础，当一个品种基因频率与基因型频率稳定，各性状表现就会相对稳定，但当这种平衡被打破时，就会出现混杂退化现象，失去品种原有的种性和典型性。

烟草属于自花授粉作物，生产中使用的品种是同质结合体，从理论上讲，在没有其他因素影响的条件下，经过多代自交繁殖以后，可以建立遗传平衡群体，使群体中基因频率和基因型频率组成不变，保持品种特性稳定。但是实际情况极为复杂，在生产实践中影响品种群体稳定性的因素很多。

2. 残存异质基因的分离重组

品种是在一定生态和经济条件下，经自然或人工选择形成的群体，具有相对的遗传稳定性和生物学、经济学上的一致性，并可用普通的繁殖方法保持其恒久性。但品种的纯度是相对的，如新的烟草杂交品种育成后，其基因型尚未完全纯合，种植过程中杂合基因会继续分离，产生新的基因（邵岩等，2006）。一般来说，经6～8代选择的株系，虽然主要性状表现一致，但仍然无法避免杂合残存的异质基因存在，特别是那些由微效多基因控制的数量性状不可能完全纯合，因此，个体间遗传基础出现差异，在种子繁殖过程中，这些异质基因不可避免地会继续分离、重组，导致个体间性状差异的加大，使品种的典型性、一致性降低，纯度下降。

3. 基因突变

一个烟草品种在生产上连续种植多年后，在自然环境影响下可能产生基因突变。基因突变可以直接改变群体的基因频率和基因型频率，改变群体的遗传组成。

烟草品种的自然突变率很低（一般低于4‰），但在种子田间生产中有发生。这些自然突变体若不能被及时发现和淘汰，就会通过自身繁殖和生物学混杂方式，使后代群体种子变异类型和变异数量增加，导致品种混杂退化加剧。

4. 基因迁移

基因迁移是指外来基因进入本品种内，引起群体基因频率和基因型频率变化的现象。基因迁移可以是自然发生的，也可以是通过人工操作完成的。烟草在虫媒、风媒作用下可能发生天然杂交，造成基因迁移；另外，发生机械混杂的烟田，基因迁移会更严重。基因迁移能使品种群体的遗传组成发生急剧变化，也是品种混杂退化的主要原因。

5. 选择作用

选择包括自然选择和人工选择，二者都会改变群体的基因频率。自然选择过程比较慢，主要对与适应性有关的性状发生作用。一个品种在生产上利用年限不太长，对品种群体的遗传组成影响不大；但长期在某一环境下繁种，在较强的环境压力下也会促使品种发生适应性变异，发生退化现象。

人工选择是改变品种群体遗传组成的主要因素。在烟草良种繁育过程中，需分阶段对种子生产田进行选择和淘汰。若不能按本品种的典型性状进行选择，或者选择个体数量太少，或者过分强调某一性状等因素都会使品种群体的优良基因源丧失，造成群体中基因频率和基因型频率的改变，加速烟草品种的退化。

6. 随机遗传漂移

人工选择的过程中，由于选择的群体太小，留种烟株较少，不能包括原始群体中所有的基因型，使原有基因型不能随机交配，导致基因的频率产生偏差，这种偏差就有可能将那些中性的或无用的性状在群体中继续保留下来，产生遗传漂移。在烟草种子生产过程中，总是抽取部分个体留种，形成下一代群体，就会产生较大的抽样误差，由这种误差引起基因频率和基因型频率的偶然变化。一般来说，留种数量越小，产生的随机误差越大，遗传漂移越严重。品种纯度越高，留种数量越大，发生随机遗传漂移的可能就越小。

（二）非遗传因素影响

1. 机械混杂

在烟草种子生产、加工、销售的各个环节中，由于人为过失或其他条件限制，繁殖的品种中混入异品种种子的现象称为机械混杂。烟草种子极小，在播种、补种、移栽、授粉、收获、晾晒、脱粒、精选、贮藏、消毒、催芽、包衣、销售运输等过程中，若不严格按照相应规程进行操作，机械混杂随时可能发生。烟草的繁殖系数很高，若在混杂烟株上留种，混杂程度会急剧提高，大大降低烟草品种的纯度。

2. 生物学混杂

生物学混杂主要是由天然杂交造成的，烟草是自花授粉作物，天然杂交率一般在1%～3%，高则可达10%左右。在烟草良种繁育过程中，若品种隔离不当或发生机械混杂，会引起天然杂交，导致烟株群体的遗传组成改变，品种纯度、典型性、产量和品质降低。

3. 不良环境和栽培条件的影响

烟草优良品种特征特性是在一定的环境条件下经过长期选择和培育而形成的，对环境条件有一定的适应性。优良品种若长期处于不良环境和栽培条件下，其优良特征特性就难以完全发挥，优良个体无法充分繁殖，比例降低，并可能引起不良的变异和病变，最终导致群体生产力下降及品种退化。例如，K326品种在不同地区和不同施肥条件下的表现就不尽相同，不良环境和不恰当的栽培技术极易造成数量性状的不良变异和退化。

4. 病毒侵染

烟草品种一旦感染病毒，由于系统侵染，经过病源连续传病，优质抗病品种经数年种植也会完全感病，造成烟株萎缩畸变，生活力衰退，生长势下降，产量、品质降低，种性退化。

二、品种防杂保纯的措施

烟草优良品种发生混杂退化后，无论去杂去劣和提纯保纯工作做得多严格，品种的特征特性也不可能完全恢复到原来品种的水平，而只能是尽可能接近原来品种。所以烟草种子生产的中心工作是防杂保纯，这比提纯保纯显得更重要。烟草品种的防杂保纯工作要坚持以预防为主的原则，提纯保纯只是一种不得已的补救措施。

在种子生产过程中，应当坚持防杂重于除杂，保纯重于提纯的原则；要建立一支专业水平高、素质好的种子生产队伍；要有生态条件较好、栽培水平高的专业种子生产基地；要建立健全的种子生产体制，建立严格的种子生产技术规程，加强组织领导，做好规划，采用先进技术，加强管理，进行全方位的质量监督和控制；要强化品种选育和引进，稳定品种区域布局，提高烟叶生产用种纯度。

（一）建立种子繁育基地，组建专业良繁队伍

选择地理位置好、生态条件适合烟株生长、人员素质高的优势烟区建立稳固的烟草种子生产基地；同时组建良繁专业队伍，实行集中化、专业化、规范化生产。

（二）建立健全种子生产体系

1. 建立严格的生产技术规程和质量检验标准

在整个种子生产过程中要做到"四专""四查""六定"和"一检验"。"四专"指专人管理、专业生产、专用工具、专用仓库；"四查"即苗期、现蕾期、初花期、成熟期进行田间检查，主要查除杂苗、弱苗、病苗、变异株、杂株、弱病株、病（虫）花蕾（蒴果）；"六定"指定地点、定人员、定任务、定措施、定质量、定产量，每一生产点不能少于一人负责，定产、定质时以质量为首位；"一检验"是指种子收获时进行验收、检验，主要进行品种名、编号、产地、数量等的严查，进行种子净度、含水量、发芽率、品种纯度的检验，保证种子质量符合标准。

2. 加强良繁管理，严防机械混杂

根据良种的生理特性，选择适宜的田块，采用良种良法配套推广和科学合理的栽培管理措施，促使植株健壮生长，巩固和加强良种种性。

在烟草种子良繁过程中，严格执行良繁技术规程，抓好种源供应、种子生产、加工、检验等每一个关键环节，严防机械混杂。繁种田实行单收、单晒、单脱、单藏制度，收种脱粒前认真清理晾晒场地和脱粒机械，种子贮藏时要标明品种名称、产地、日期等；贮藏种子要经常检查、检验，种子的发放、接收要记录存档。新生产的种子要严格进行质量检验和田间纯度鉴定，质量和纯度未达标的种子不能进仓入库和用于生产。繁种田不能选用重茬连作田，不能用未腐熟的农家肥，以防残留种子出苗造成混杂。

3. 做好品种布局规划，防止生物学混杂

做好品种的合理布局，良种区域化与合理布局是做好烟草种子工作的基础，是克服品种多、杂、乱的关键，烟草品种有其特定的生态适应区域，品种不同其适应区域和对环境的要求也不同。因此，生产上要根据不同烟区间的生态条件、耕作制度、栽培管理水平和品种的特征特性来确定适宜的主栽品种和搭配品种，并在一定时期内保持品种的相对稳定，这是烟草品种保纯的前提条件。

在制种田的品种布局上充分利用时间、空间或障碍物作隔离，不同品种间采用空间隔离，隔离距离要大于 500m，时间隔离上要避免不同品种开花期的重叠或部分重叠。针对烟草品种自身的变异现象，在繁种烟株的苗期、旺长期、现蕾期、开花期、蒴果成熟期等不同生育期内，由熟悉繁殖品种典型特征特性的专业技术人员，采取严格的去杂、去劣、去病、去弱措施，及时彻底地清除杂、劣、病、弱烟株。

（三）巩固良种纯度，坚持原种繁殖良种

目前，我国对烟草种子原种的纯度要求为99.9%，对常规种良种的纯度要求为99.0%，对杂交种一级良种的纯度要求为98.0%。良种的繁殖必须使用原种，严禁使用良种繁殖

良种。原种是按一定严格程序生产出来的纯度高、质量好的种子，坚持用原种繁殖良种，是防止混杂退化和长期保持品种纯度和种性的一项重要措施。

（四）强化烟草品种选育和引进

强化名、特、优烟草品种的引进试验工作，引入适合我国种植的烟草品种，从中筛选出接班品种进行扩繁利用，以达到品种的更新换代。同时根据气候条件及地理优势，选育出适合我国种植的优良品种，以稳定品种的区域布局，提高烟叶生产用种纯度。在新品种推广过程中，采取有效的防杂保纯措施，把品种混杂退化的不利影响缩小到最低限度。

总之，烟草品种混杂退化的原因是复杂和多方面的，不能期盼一劳永逸，不能用单一措施来解决，只有各种措施综合运用，才能取得事半功倍的效果，确保品种的优良种性，延长良种的使用寿命。

第三章 烟草种子生产基地的建设与管理

建设烟草种子生产基地是种子生产工作的基础和保障，种子基地是繁育优质、高效良种的载体，是使种子繁育从分散走向相对集中、实现种子专业化生产的保证。在世界农业飞速发展的今天，现代化的良种繁育基地、高水平的种子繁殖技术及高质量的种子体现出越来越重要的作用。

20世纪80年代中后期至90年代初期，伴随我国烤烟生产的快速发展，为了满足全国烟叶生产用种需要，各烟区烟草种子繁育基地和繁育点大幅增加，由于种子基地建设条件和配套技术不完善等综合问题，造成了各地种子管理工作混乱的局面，且种子质量参差不齐，给烟叶生产带来了较大的影响。针对这一问题，国家烟草专卖局精简压缩各省烟草种子良繁基地，确定了28个烤烟良种繁殖基地；并于1995年、1999年分别批准成立中国烟草育种研究（南方）中心和中国烟草遗传育种研究（北方）中心，负责烟草原种的繁育；结合烟叶生产"双控"政策，以省（自治区、市）为单位统一供种。

为了加快和促进烟草种子市场化和产业化进程，经国家烟草专卖局批准，2001年成立玉溪中烟种子有限责任公司，公司由中国烟叶公司、云南省烟草公司、云南省烟草农业科学研究院、中国农业科学院烟草研究所4家单位共同投资，是集烟草种子生产、加工、仓储、研发、技术咨询、销售和服务为一体的现代化种子企业。2006年，玉溪中烟种子有限责任公司启动西双版纳烟草种子冬繁基地建设，经过多年不懈努力，现已建设成为我国规模最大、条件最为完备的烟草种子冬繁基地，每年承担着全国80%的烟草种子生产工作任务，为全国烟草种子生产与种子技术创新奠定了坚实的基础，为行业"两烟"生产做出了积极的贡献。

第一节 烟草种子生产基地建设的原则与条件

烟草种子生产基地主要经国家规划、企业购买土地使用经营权或通过长期租赁获得土地使用权建立。烟草种子生产基地要求基础设施完善，设备保障有力，管理体制完善，技术力量雄厚，有能力生产足量优质的种子。

一、生产基地布局与建设的原则

种子生产基地布局与建设过程中，需要统筹兼顾生态条件、病虫害发生情况、经济和人文等多个因素，应遵循以下三个原则。

（一）生态条件优先原则

良好的生态条件是种子基地建设的首要条件。选择和建设种子基地前，必须确保种子生产地区具有良好的生态条件。只有在适宜的生态条件下，才能使品种的优良种性得以充分表现，确保亲本植株正常生长，有效提高种子产量和质量，降低种子生产成本。

在选择烟草种子生产基地时，首先要考虑温度、湿度、光照、降水、无霜期及不良气候的发生频率等众多气候因素；然后要选择地势平坦、土地肥沃、地力均匀、排灌方便、交通便利的田块；最后要尽量避免选择前茬为茄科作物的田块。

（二）隔离原则

种子生产基地在具备适宜生态条件的同时，还需具备空间隔离条件，即繁种区域周边一定距离内无相同作物甚至同科作物种植。繁殖生产不同作物的种子，所要求的空间隔离距离不同，一般异花授粉作物要求的隔离距离长，常异花授粉作物次之，自花授粉作物短。烟草种子繁殖生产要确保周围直线距离 500m 以内无与烟草发生异交的作物种植，不同品种繁种田的空间隔离距离也应大于 500m。在多风地区，特别是当隔离区设在其他品种的下风处或地势低洼处，应适当加大隔离区。例如，不同品种繁种田的间隔距离小于 500m，应采用套袋，或合理安排种植使授粉期无交叉。良好的空间隔离具有以下作用：①可有效避免不同作物或品种之间异源花粉混杂导致的种子品种纯度降低情况；②可降低区域内病原生物密度，减少病虫害发生，提高种子产量和质量。

（三）质量优先、兼顾效益的原则

种子生产基地的布局与建设应在确保种子质量的前提下，兼顾经济效益和社会效益，合理降低生产成本，提高企业竞争力。主要考虑：①土地资源的丰富性；②劳动力资源的丰富性；③交通的便利性；④种子生产技术对当地农业生产技术的推动性；⑤当地民俗文化对外来企业的接受性；⑥当地治安状况的稳定性。

没有质量保障作为前提，效益就无从谈起。在保障质量的前提下，种子生产企业可以合理追求产量，尽可能地降低成本，追求效益，提升企业的实力和竞争力。为了兼顾效益，需考虑当地劳动力资源情况，劳动力要能够充足供应并且价格合适。种子基地选址时还应充分考虑交通条件和物流条件，要方便种子生产、运输及物资调动和人员往来，降低交通成本和物流成本在种子生产总成本中的比例。要求基地集中连片，便于管理和操作。此外，还应考虑当地的电价、水价及物价水平，综合考虑和控制种子生产成本。

二、生产基地的必备条件

（一）主要气候环境

烟草起源于拉丁美洲，属喜温植物，适宜在温暖湿润的气候下栽培。烟草的生长发育只有在一定的光、温、水等环境条件下才能顺利进行。烟草种子基地必须建立在适宜烟草生长发育的地区，并结合烟草种子生产的特点来进行科学选址。

1. 温度

温度是烟草种子萌发、进行营养生长和生殖生长的主要影响因子之一。地上部分温度在 8～38℃都能生长，高于或低于这个温度其生长均会受到抑制，最适温度为 25～28℃；地下部分的生长温度为 8～43℃，最适温度为 31℃。烟草各生育期要求的土壤温度条件不同。种子萌发最适温度为 20～28℃，在 15～35℃均能正常发芽；大田生长期最适宜温度是 25～28℃，最低温度是 10℃，最高温度是 35℃，高于 35℃时生长将会受到抑制

（王东胜等，2002）。

种子生产基地应选择在烟草生长适宜区，生产期间月平均温度在18~25℃；或热量资源较好、年平均气温大于21℃、冬季月平均气温在17~25℃、全年无霜期120天以上的地区。适当的昼夜温差有利于同化物的转化，干物质的积累，能促进蒴果和种子的发育，对种子产量和种子活力的提高均有好处。

2. 光照

光照条件对烟草的生长发育有较大的影响。烟株通过光合作用将光能转化为化学能，为烟株的生长发育和养分吸收提供能量。大部分烟草品种对光照长短的反应呈中性，只有少数多叶型品种呈明显的短日性，充足而适宜的光照是生产优质种子的必要条件。一般大田生殖生长期日照时数应达380~420h，开花至蒴果成熟期应在450~500h。日照时间越长越有利于物质的积累，越有利于提高蒴果和种子的饱满度。

3. 降水

降水对种子生产来说有利有弊，是一个较为矛盾的问题。在烟株营养生长阶段，需水量较大，充沛的降水有利于烟株的生长发育，而开花授粉至蒴果成熟期，较多的降雨会给授粉、收种等带来不利影响，显著降低授粉成功率、坐果率及种子质量。因此，最好选择前期雨水充沛，后期雨水较少的地区；或者前期雨水较少，但有充足灌溉水源的地区建立基地。

（二）地理环境

1. 空间隔离

烟草种子繁种生产需要有较好的隔离条件，最好选择在当地无烟草种植的区域进行，一是可以避免其他烟草花粉对繁种生产造成干扰，防止种子混杂；二是可以减少病虫害的传播和侵染。繁种田周围无茄科、葫芦科作物的种植，压缩烟草病原物的生存空间。

2. 土地资源

烟草种子繁种田要求土地平整、连片，有利于机械化操作，可提高生产技术水平；另外，繁种田要求面积规模稳定，肥沃、有机质含量高、耕作性好的壤土或砂壤土，土壤pH以5.5~6.5为宜。

3. 地表水资源

具有丰富的水利资源，水质良好，长期供水有保障，灌溉方便，能充分满足烟草种子生产的用水需要。

（三）社会经济条件

1. 劳动力资源

烟草种子生产需要保证充足的田间操作工人，尤其是不育系和杂交种种子生产过程对劳动力的需求较大。根据不同的繁种面积，人工授粉环节每天需要几十人至数百人的人力，这就需要选择在劳动力资源丰富的地区建立繁种基地，以满足种子生产对人力的需求，并要求田间操作工人有学习接受新技术的能力。

2. 交通条件

种子生产基地要求交通便利，便于生产物资调动及方便工作人员开展日常管理。

3. 农业生产水平

一般应选择农业生产技术水平较高、生产方式先进、信息来源广泛、有较好农业配套设施的地区。

三、烟草种子冬繁基地的优势

冬繁（也有的称为南繁）一般是指在秋冬季开展种子繁殖生产工作的过程。具体是指利用我国南部热带（如海南、西双版纳等）热力资源丰富的气候条件，把一般于春夏季种植的农作物育种或繁种材料在秋冬季开展种子繁育的方式。种子冬繁基地具有以下优点。

（一）加快繁种进度，加快育种进程

根据种子生产使用要求，当年收获的种子需要贮藏一年以上，经历完整的后熟周期，度过休眠期，方可用于大田生产种植。冬繁种子于第二年春季收获，与夏繁相比，可提前一年用于夏季烟叶生产。另外，在开展烟草新品种选育工作时，可以通过冬繁完成育种世代材料（品系）种子的繁殖加代，即1年可以获得两代种子，以缩短育种时间，加快育种进程。

（二）防止花粉混杂，保持种子纯度

冬繁基地（如西双版纳烟草种子冬繁基地）及周围，一般都不进行烟叶生产种植，可以有效避免品种种植混杂及授粉期的花粉交叉污染，以确保生产出高纯度的种子。

（三）确保授粉成功率和坐果率，大幅提升种子产量和质量

烟草种子冬繁，可以有效避开夏季雨水、冰雹、高温或阴雨等不利气候对烟株开花、授粉、受精、结实等造成的不利影响，获得较高的受精成功率和坐果率，同时减少霉果的产生，大幅提升种子的产量和质量。

（四）减少病虫害传播，确保种子健康

烟草种子冬繁，可以有效避开夏季烟草病虫害的影响，大大降低病虫对繁种烟株造成的危害。另外，冬春季充足的光照和较大的昼夜温差有利于优质种子的生产，为繁殖健康、高质量的种子提供了优越的外部环境条件。

西双版纳是我国除了海南之外的重要农作物种子冬繁适宜区。西双版纳处于北回归

线以南，为典型的热带气候，自然条件优越，冬季光热资源丰富，与海南相比极端性灾害天气少，具备农作物生长发育的良好条件。西双版纳常年主栽水稻、橡胶等作物，无烟草生产种植，具备天然的隔离屏障，是进行烟草种子良繁生产的理想地。玉溪中烟种子有限责任公司于 2006 年建设西双版纳烟草种子冬繁基地。建成后，得到了各级领导的高度重视，国家烟草专卖局和云南省委省政府的各级领导多次到西双版纳烟草种子冬繁基地检查指导工作，对基地的建设成果及西双版纳冬繁基地在全国烟草生产中做出的积极贡献给予了很高的评价，并对冬繁基地的发展与建设做出了指示和要求。玉溪中烟种子有限责任公司用 5 年时间，加大基础设施建设，加强科研创新及繁种片区建设，把西双版纳烟草种子冬繁基地建成为"中国第一、世界领先"的专业化烟草种子冬繁基地，在确保全国烟叶生产供种需要的同时，为行业的可持续健康发展做出了积极努力，为当地社会经济与科技发展做好服务，为推进全国烟草种子技术进步、推动国际烟草种子技术合作交流做出了重要贡献。

至 2011 年，西双版纳烟草种子冬繁基地已建设成为集种子生产繁育、品种展示、生态农业展示、种子科技展示、烟草文化展示为一体的种子科技园区。冬繁基地各项设施设备简洁规范，高效实用，具备种子晾晒、干燥、精选、贮藏和开展科研、召开会议、进行交流等一系列完善的功能体系。同时，田间道路、水利设施完善，新型耕作机械、移动式和固定式喷灌系统、电动喷雾设备等一大批现代生产农机及田间安全监控系统的投入使用，实现了种子生产的规模化、集约化和现代化（图 3-1）。

图 3-1　玉溪中烟种子有限责任公司西双版纳烟草种子冬繁基地

图 3-1　玉溪中烟种子有限责任公司西双版纳烟草种子冬繁基地（续）

第二节　烟草种子生产基地建设的程序与内容

一、种子生产基地建设的程序

烟草种子生产单位应发展的需要建立种子生产基地。基地建设意向报批通过后，种子生产基地建设单位立即进行论证、规划和实施。

（一）论证

根据气候信息资料选择多个气候适宜地区，选择该地区适宜种子繁殖生产的土地，进行小面积种子生产田间试种。每个试种点试种面积 10～60 亩①，选择 2～3 个烟草品种，试种 2 个以上生产周期，记录过程信息和所得结果，进行多因素分析，反复论证，最终选取一个最适宜种子生产种植地区并确定种子基地建立区域。

（二）规划

选定种子生产基地建设地区后，进行土地选取。土地选取的要求如下：第一，选择良好的土地。良好的土壤结构和肥力是生产优良烟草种子的重要因素。第二，选择周边劳动力较多的土地。烟草种子生产是劳动密集型的工作，一定数量劳动力是繁种生产顺利开展的重要保障。第三，保证安全间隔距离。在同一个生产季度生产多个品种时，需同时在不同的田块进行烟草种子生产，因此田块间安全间隔距离是保证种子纯度的关键因素。每个片区的建设位置确定后，应规划基地设施及规模，充分考虑发展速度及最终规模，应逐步完善配套设施。

（三）实施

完成种子基地建设的论证和规划后，形成可行性报告，逐级汇报。首先向省级烟草公司汇报，省级公司同意批复后，再向中国烟叶公司汇报，得到中国烟叶公司同意批复后，组建种子生产基地建设工作组，制定基地建设规划方案。同时与基地建设地的政府及相关单位（部门）沟通联系，说明建立种子生产基地的目的，得到当地支持。以长期租赁或购买土地的形式获得土地使用权，确保土地使用的长期性和稳定性。确保种子生产工作稳定、安全开展。根据实际情况，合理规划布局，建立配套设施完善的烟草种子基地。

---

① 1 亩≈666.67m²

二、种子生产基地建设的内容

（一）基础设施建设

1. 繁种土地

坚持以烟草种子生产为主、分片区建设、合理利用、用养结合的原则，优化布局，合理轮作，加强建设、保护，提高综合生产能力。根据繁种规模选择种子生产田块，不同品种的繁种田间隔不低于 500m。要选择地势平坦、土地肥沃、地力均匀、排灌方便、交通便利的平原或坝区田块，长期租赁或购买。每田块面积在 50～200 亩，便于多品种同年进行种子生产和轮作。

2. 水利

根据繁种田块的实际情况，因地制宜改进或新建水利设施，确保旱灌涝排，发挥综合效益。根据各片区的实际水源情况，确定需要建设的水利设施类型和数量，做好各片区水利设施规划设计。同时，要合理利用水源及原有水利设施排灌，科学控制设施建设成本。尽量结合人畜饮水，使水利设施发挥最大的综合效益。

3. 道路

按照整合资源、合理布局、满足需要、节约用地的原则，以交通便利、机械使用方便、便于物资运送为基础，与其他基础设施统筹规划、设计和建设。建设要结合实际道路情况规划设计，田间道路原则上采用砂石路面。道路建设可利用旧路基进行改、扩建或进行沟渠挖方修建。道路建设要合理设计错车道和入田口，预留机械作业便道。

4. 场地

坚持合理布局、设施配套、高效利用的原则，满足规模化、设施化、集约化的要求，科学规划场地设施。选择地势较高、较平的一块开阔区域进行场地设施建设。场地设施可进行适当硬化。根据实际情况，合理规划建设每块场地的使用功能（育苗、晾晒干燥等）。场地设计规划、建设最好多功能化，如晾晒场地可作为育苗场地使用。

5. 种子库

种子库是种子基地建设的重要组成部分，用于贮藏新繁殖生产的种子、原种、种质资源等。每年度生产的种子，经质量检验合格后，放入种子库贮藏备用。烟草种子资源库可以包括种质资源库、原种库、良种库、花粉库等设施。其中，良种库是种子基地建设最基本的必要设施，用来保存和贮藏每年度繁殖生产的良种。有条件的单位可以配套建设种质资源库、原种库和花粉库。种质资源库用来保存种质资源，原种库用来保存原种，而花粉库则是用来保存和贮藏花粉，根据库体的用途设置不同的技术参数。

6. 安全保障设施

始终坚持安全第一的原则进行工作，生产安全、人身安全、财产安全兼顾。在生产经营活动中，需配备安全设施或装置，并制定具体安全措施，要做到预防与消除并重，将有害危险因素控制在安全范围内。安全设施规划建设尽量做到无盲区、无死角。在关键、重点区域应安装监控设备和报警设备。一般坚持非工作人员禁止入内的原则，合理规划围墙或围栏建设。

（二）管理体系建设

烟草种子生产基地建设是一个系统工程，它不仅要有良好的基础设施，还应有健全的管理体系和岗位责任制。种子生产基地管理主要包括行政管理和技术管理两个方面。行政管理的主要职能是落实国家和行业有关政策，协调统一基地内生产行为，落实种子生产过程中的物资供应及灌溉、排涝、机耕等工作，各项职责由相应的部门或人员来完成并明确相关的责任。

技术管理是指针对基地种子生产总体技术要求，制定各环节的技术措施，落实相关的技术人员，明确技术人员的工作职责。烟草种子生产不同于一般的大田烟叶生产，技术要求高，工作环节多，涉及面广。烟草种子企业或育种单位应提供有效可靠的技术和制度保证，以确保种子生产的安全进行，必须建立健全岗位责任制，种子生产的各个环节安排专人负责、重点把关，使各项技术措施实施到位，确保种子生产优质、高效。

（三）后勤保障

后勤保障建设主要是为繁种单位及管理服务人员提供生活、饮食、住宿及办公等生活方面的基本保障，有条件的还可提供学习交流的场所和书籍材料等，解决工作人员的后顾之忧，保障工作人员的人身及财产安全，为他们提供一个良好的工作、生活及学习场所，满足职工基本物质生活的同时尽可能地丰富文化生活。

（四）技术保障

种子生产技术保障不仅关系到种子产量的高低，更重要的是关系到种子质量的优劣。种子生产技术仅靠几个技术人员掌握是不够的，只有所有种子生产者都较好地掌握了种子生产的关键技术，才有利于种子产量和质量的提高。为确保生产出优质足量的种子，首先必须建立一支相对稳定的烟草种子专业技术队伍，通过专业培训不断提高专业技术人员的技术水平和业务素质，使他们精通种子生产技术；然后由种子专业技术人员对种子生产者进行技术培训。培训可以技术讲座、现场指导、建立示范田等方式进行。培训的重点是关系到种子质量各主要环节的关键技术和高产栽培技术。通过培训，使每个种子生产者都能掌握种子生产的关键技术。另外，要建立岗位责任制，就是要明确规定各项工作的责任人及应该达到的目标要求和考核办法及奖惩措施。健全岗位责任制有利于调动管理人员、技术人员的工作积极性，增强责任感，确保种子生产计划的完成和种子质量的提高。同时，有条件的基地还应该建立实验室或技术中心，提供必要的技术指导及试验平台，提供种子检验检疫及开具相关证明服务。试验平台应包括基础的试验仪器，如天平、种子水分测定仪、数粒仪、种子培养箱等。

第三节　烟草种子生产基地的管理

种子基地通过生产优质高产的种子求效益，种子企业通过经营优质丰产的种子求发展。在生产中企业占主导地位，负责建设与传播企业文化，负责生产的组织、指挥、技术指导、质量监督，负责种子质检、入库。从管理上讲，企业与基地是管理与被管理的关系，从技术上讲是指导与被指导的关系。对基地实行企业化管理，应重视企业文化的管理，企业文化是一种渗透在企业一切活动中的东西，它是企业的灵魂，通过企业文化管理，为基地持续发展提供源源不断的精神动力，对基地科技人员要强化培训，大胆使用，严格要求，使他们成为企业文化的吸收和传播者，成为制种高新技术的推广、应用者，成为基地的有效管理者，让基地制种人员正确认识与处理基地与企业的关系，达到人人视质量如生命、争取持续高产高效的目的，保证种子企业及基地的稳定性和持续性。

一、生产计划管理

（一）生产计划

烟草种子生产计划主要是指根据国内外种子需求，确定需要繁殖的烟草品种及产量，根据繁殖品种和面积的多少，规划不同的种植片区及移栽时间。同时，要结合种植片区和移栽时间，进行相应管理人员、技术人员和田间工人的调配，确保繁种计划的顺利实施。

（二）物资计划

物资计划是指企业对繁种生产所需物资的采购、使用、储备等行为进行规划、组织和控制。物资计划的目的是，通过对物资进行有效管理来降低生产成本，保证繁种生产各项工作顺利开展，提升企业的市场竞争能力。要求按照物资的使用类别进行分类编号，或者按照使用部门进行分类，建立一套领用台账，建立相应的清单，登记记录清楚，并由相应的领用人进行签字确认。同时，要在物资计划、购置、库管及出入库等环节明确职责，做到层层严格把关。

（三）经费计划

经费计划主要指对繁种生产进行经费管理。就财务工作而言，每一个相关工作人员都要具备节约成本意识，力争通过部门管理及物资领用和办公易耗品管理确保各项工作顺利开展的同时，避免铺张浪费的现象。繁种生产经费由种子生产部门统一制定，报企业财务部门进行审核，由企业财务部门对经费使用进行监管。

二、生产流程管理

（一）建立标准化生产流程

在种子生产的整个周期中，生产部门要制定标准化的生产技术手册并严格执行。技术手册应为隔离距离、育苗、移栽、去杂去劣、授粉、田间管理及种子收获等环节制定相应的技术标准。生产部门在熟练掌握各项技术标准的基础上，要对田间工人进行技术培训及监管。同时，质检人员要定期对种子生产过程中的各个环节进行跟踪检查和监督，及时发现问题并提出整改意见，消除种子质量隐患。在种子入库以前，要严格对收获的种子进行含水量、净度、纯度、发芽率等指标的初检，对初检合格的种子在入库前还要进行复检。通过这些措施的实施，达到提高种子质量、实现整个生产流程标准化的目的。

（二）过程控制

过程控制是指对繁种生产田间管理、种子收获、入库、贮藏等环节进行全程控制。首先，要加强田间管理，做到及时中耕培土，适时追肥灌水，严防病虫危害。尤其是在品种性状表现最明显的时候，对异品种、变异种、退化种统一进行严格彻底去除，对纯度不达标的种子田要坚决报废，确保种子纯度，俗称"去杂去劣"。

其次，种子成熟后要及时收获，收获前要对各种用具、机器、设备进行细致清理和检查，做到单收、单打、单晒，严防人为、机械混杂影响种子纯度。种子生产企业要严格执行国家标准，根据种子质量检验结果确定繁殖生产的种子是否准许入库，把好种子入库关。企业质检人员必须凭种子田间及室内检验合格证，并根据田间档案记载，对照繁种面积、地块、产种数量等，测定含水量、发芽势、发芽率等技术参数指标，质量合格方可允许入库。

（三）种子质量追踪

种子质量追踪可以采用档案追踪和信息化追踪方式。档案追踪即在种子生产全过程中建立详细的纸质档案（记载本、调查表、统计表等）和完善的电子档案，档案内容应包括生产地点、生产地块、环境、前茬作物、繁种材料来源和质量、技术负责人、田间检验记录、产地气象记录等数据和图文资料。以上项目由种子生产技术人员负责填写，种子入库、加工时间，计量抽检记录等内容由相关管理人员填写。信息化追踪是应用计算机数据库、互联网、物联网、条形码、二维码等技术，实现从原种到良种生产、入库的全过程质量追溯过程。为实现种子质量信息化追踪，需要开发配套的质量控制与追踪管理计算机软件系统平台。

玉溪中烟种子有限责任公司用两年时间，开发和建立了专门的"烟草种子质量控制与追踪管理系统"（图3-2，图3-3），其中包括完备的种子生产档案，对进行烟草种子质量控制与追踪起到了很好的作用。

图3-2　烟草种子质量控制与追踪管理系统

精益管理　　　　　　　　　　　　　　　　　　　**六西格玛**

图 3-3　烟草种子质量控制与追踪管理系统

第四章　烟草种子的田间生产

"国以农为天，农以种为先"。种子是特殊的、不可替代的农业生产资料，烟草种子是烟叶生产的源头和基础，良种不但有利于提升烟叶品质、改善烟叶质量，还能有效增加烟农收入，促进烟草产业的整体发展。我国烟区幅员辽阔，自然条件复杂，选择环境条件适合的繁种地，因地制宜地进行育苗、移栽、田间管理直到种子收获，整个过程需要精心安排，认真实施，把握住其中每一个关键环节。中国的烟草种子生产，经历了由群众自留、自繁小农经济向种子企业集约化、专业化、标准化生产转变的过程。其中诸多技术环节、生产经营模式等都有了极大的改进。随着生产技术的突破创新，种子质量大幅提升，使得种子发芽率由 20 世纪 90 年代的 80% 左右提升至现在的 95% 以上，种子产量也有了极大提高，由 2005 年前的 6~7kg/亩提升全现在的 15~20kg/亩。种子科技含量持续提高，种子生产成本逐年下降，在烟草种子生产上有效实现了"减工、降本、提质、增效"的现代农业发展理念，烟草种子生产技术已迈进世界领先水平。

烟草种子田间生产流程，按照操作环节划分，主要包含育苗、大田期管理、花粉工业化与田间授粉和种子收获 4 个阶段。

第一节　育　　苗

育苗是烟草种子生产中的第一个环节。种苗的健壮与否将对整个烟草种子生产过程产生巨大的影响。自 20 世纪 60 年代以来，随着塑膜覆盖保温育苗技术的发展，烟草育苗技术也逐步得到改进和提高。迄今为止，烟草育苗主要采用过种子大田直播、苗床育苗、营养盆（袋）育苗、漂浮育苗等多种方式。

种子大田直播是指烟草种子直接在大田生长成烟株，不经过移栽的直播种植。这种方式相对粗放，在生产过程中现已被淘汰。

苗床育苗是指在自然环境下或是温室中，将经过消毒处理的土壤和基质进行整理、起墒，点播烟草种子，覆盖塑料薄膜的育苗方式。苗床育苗在实施过程中设施简单，经济投入相对较低，方法容易掌握，曾经是烟草育苗的主要方式；但由于其育苗效率较低，苗期较长，病虫害较重等，现今应用范围已逐渐缩小。

营养盆（袋）育苗与苗床育苗最大的不同点就是营养土或基质装于一个个独立的营养盆（袋）或者是育苗托盘中。这种育苗方法在 20 世纪 80 年代至 90 年代初曾经广泛应用于烟草育苗过程。营养盆（袋）育苗与苗床育苗具有类似的缺点，即土壤基质消毒不便，苗期病虫害较重，烟苗运输不便。从 20 世纪 90 年代初开始，逐步被新型漂浮育苗技术替代。

漂浮育苗技术起源于美国，1988 年田纳西州立大学首先对这种育苗方式进行评定。随着这一技术传入中国，经过一系列的试验、示范和推广工作，烟草漂浮育苗技术迅速在各个烟区普及推广。漂浮育苗最大的特点就是放弃了原有的苗床或是营养盆（袋），转而由盛有营养液的育苗池和装填有非土壤基质的育苗盘来替代。漂浮育苗主要在塑膜育苗棚内进行，在育苗过程中无需浇水，基质消毒也变得更容易、更彻底。因此，能降低烟草幼苗的发病率，提高烟苗质量，烟苗的运输便捷，而且育苗成本大大降低。

湿润育苗、沙培育苗、少基质育苗等技术是在漂浮育苗的基础上，为减少对环境的破坏和危害而发展起来的多种育苗方式。

目前，烟草种子生产育苗主要采用漂浮育苗技术。在育苗过程中，做好育苗设施消毒、苗期病虫害防治、健壮种苗培育尤为重要。

一、育苗准备

（一）育苗棚建设

育苗棚包括可控温室和塑料棚。可控温室能实现自动调节室内温、光、水、氧等环境条件，自动化程度高，但由于造价较高，主要应用于科研领域。烟草繁种生产上以塑料棚的应用较为广泛。塑料棚又可以分为塑料大棚和塑料小拱棚两种，根据繁种地实际情况选择使用。

塑料大棚由棚架、覆膜构成，留出通风门窗。一般有单体大棚、二联体大棚、三联体大棚和多联体大棚，大棚的长、宽、高则随着地形及育苗数量改变。棚架要求材质强度高、坚固，可采用竹子或钢筋制成；覆膜要求坚固耐用、透光性好，主要采用聚氯乙烯（PVC）膜制成。

塑料小拱棚一般是以个为单位，根据育苗数量和种植面积建成规模不一的棚群（图4-1）。主要采用钢架和聚氯乙烯（PVC）覆膜。以西双版纳冬繁基地育苗小拱棚建设

图4-1　烟草繁种生产漂浮育苗塑料小拱棚

为例，具体参数为：小拱棚育苗池内径长 4.8m、宽 1.35m，钢架棚高 1.2m、宽 1.5m；每个育苗池内可育苗 28 盘（162 孔标准盘），为提高壮苗率可采用隔行播种育苗（图 4-2）。育苗棚搭建好后，向育苗池内加注自来水，水深在 150mm 左右，以播种后育苗盘表面与育苗池边沿持平为准。在实际的种子生产工作中，各地可以结合繁种面积和育苗数量具体规划棚群建设，棚体的长宽、大小可根据实际需要而定。

图 4-2　育苗棚内部

（二）育苗盘和基质的准备

烟草漂浮育苗中常用的育苗盘由泡沫塑料制成，漂浮育苗盘的一般规格为：长 68cm，宽 34cm，高 6～8cm。育苗盘上孔穴规格较多，有 162、200、228、242、253、338、392 等孔数。育苗盘孔数越多，孔穴容积越小，越不利于烟苗根系生长；同时烟苗间距变小，不利于培育健壮苗。繁种生产中常用的育苗盘规格为 200 孔。

烟草漂浮育苗的基质主要起到固定烟苗，提供根系发育环境的作用，本身并不担负提供营养的作用。美国北卡罗兰纳州的烟草漂浮育苗基质主要以泥炭为基础，与不同配比的蛭石和珍珠岩构成；我国湖北的杨春雷等，首创以碳化稻壳和玉米穗轴作基质，不仅具有良好的物理化学性质，还有不滋生藻类、成本低和取材广泛的特点。近年来，国内有许多厂家生产成品基质出售，主要成分均以泥炭为主。为了保护自然环境不遭受过度采伐，现在很多烟区也开始用沙子、秸秆等替代物逐步替代泥炭，也有的在探索新的育苗方式（如沙培育苗、少基质育苗等），逐步减少泥炭的使用量。

（三）消毒

苗床地及周围用漂白液或消毒灵勾兑喷施，并喷施杀虫药对苗地害虫进行防治；育苗棚架消毒先用清水洗净后再用消毒剂擦拭；池水用漂白粉提前一天进行消毒处理。消毒剂要结合国家和行业最新规定的消毒剂名录清单进行选择使用，以免造成化学残留和环境污染。

各地育苗用品和操作人员消毒的方式方法多样，可结合当地实际情况选择使用。下面以西双版纳烟草种子冬繁基地为例。

1. 育苗用品消毒

1）漂浮育苗盘、池膜、防虫网、遮阳网等消毒：采用 1%～2%福尔马林（甲醛）或 0.5%～1%高锰酸钾溶液盖膜熏蒸 1～2 天或浸泡 2h，清水洗净晾干后备用。

2）间苗、剪叶用的镊子、剪刀等在使用前统一用自封袋包装，放入高压灭菌锅灭菌处理 30min 以上；或者在使用前用酒精灯火焰灭菌，灭菌后保存待用。使用过程中用 75%乙醇擦拭消毒，每操作完一盘苗擦拭一次，用完后统一回收，集中消毒。

2. 人员消毒

进入苗床地的人员必须严格做好消毒工作，在苗床地入口设置消毒池（加 100 倍育保溶液或消毒水）对鞋底进行消毒，并用肥皂水洗手。育苗期间，农事操作人员在进行各项农事操作前必须用肥皂水洗手，再用 75%乙醇溶液擦拭消毒，在操作过程中也要定时消毒。

二、播种

（一）亲本标记

为防止品种（亲本）间混杂，在播种前需对育苗池进行插牌标记，同时对每一个育苗盘进行标记，标注所播品种（亲本）名称和播种日期，在苗期操作过程中需多次检查，核对标签，防止人为错误操作。

（二）基质装填

根据基质干、湿情况进行水分调节，将基质含水率调节至 20%左右（以手握基质能成团，松手后自然散开为宜）。基质装填要求充分，均匀，松紧度适中，以用手轻压不出现基质下落为宜，基质装盘后应尽快播种。

（三）播种

因为繁种生产用原种数量少，不便于包衣加工，当繁种面积较少时直接采用裸种进行播种，繁种面积较大时采用包衣种子进行播种。

采用包衣种子播种，首先用压孔板在基质孔中心压出 2～3mm 的浅窝，每孔播 1～3 粒（根据播种前种子发芽率、发芽势检测结果而定），然后在育苗盘表面覆盖一层薄薄的基质，以刚好盖过包衣种子为准。

采用裸种播种，基质表面不需压孔，直接将裸种播入穴中即可，每孔播 1～2 粒。播种裸种时应防止风将种子吹掉，可预先在装好基质的漂浮育苗盘表面喷洒清水，提高种子对基质表面的附着力（图 4-3）。

图 4-3　育苗盘内播种

三、苗期管理

（一）水分管理

育苗池池水深 10～15cm，以育苗盘上表面与池上边缘平齐为准。育苗池加水后应检查是否漏水，如漏水需及时更换新的池膜。在育苗期间，当水分蒸发后要及时加水，加水后适当搅拌，以确保育苗池内营养液的养分均匀。

（二）营养液管理

为防止育苗期间因气温高、水分蒸发快而导致的盐析现象发生，播种时育苗池可先灌注清水；待种子出苗后，再向池水中加入肥料配制成营养液，氮素浓度控制在 100mg/L 左右，苗期共追肥 3 次。

第 1 次追肥在 4 片真叶时，将营养液氮素浓度调高至 150mg/L；第 2 次追肥在第 2 次剪叶后，补充因烟苗生长而消耗的肥料量，继续保持营养液氮素浓度在 150mg/L 左右；第 3 次追肥在苗盘抬离水面后（或炼苗阶段），需在每天下午用喷壶或微喷灌系统对烟苗进行补水补肥，补肥时营养液浓度为 50mg/L。

育苗过程中做好营养液水质监测工作，定期测量营养液的溶解氧量、离子浓度、pH 等指标，发现异常及时处理。当溶解氧量下降到 2mg/L 时，向营养液中加入一定量的 CaO_2 进行化学增氧；当 pH 偏低时，加入适量生石灰水或 NaOH 溶液对 pH 进行调节，当 pH 偏高时，加入 H_2SO_4 溶液进行调节，将 pH 控制在 5.5～6.5；当营养液中滋生藻类时，加入适量 $CuSO_4$（20g/m³），也可根据情况对营养液进行更换。

（三）温湿度控制

育苗期间，根据育苗棚内温湿度变化及时进行通风排湿、降温。出苗前，白天打开育苗棚两端棚膜进行通风降温，将基质表面温度控制在 25～30℃，棚内温度控制在 35 ℃以内，若棚内温度超过 38℃会出现热伤害（叶片变褐色或烟苗死亡）；出苗到小十字期，早晨揭开整个育苗棚的棚膜降温、排湿，但要覆盖遮阳网，晚上盖上棚膜，雨天注意防雨；大十字期至第 1 次剪叶期，早晚完全揭去棚膜和遮阳网，中午盖上遮阳网，逐步增加烟苗的光照时间；第 1 次剪叶后，白天全部揭去棚膜和遮阳网，在降温、排湿的同时进行适应性炼苗。

（四）间苗、定苗

使用裸种进行播种的品种，在 1 片真叶期间苗，每孔留苗 1～2 株，在小十字期开始二次间苗、定苗，每孔留苗 1 株；使用包衣种子进行播种的品种，在小十字期进行间苗、定苗。具体要求如下。

1）拔除过大、过小和生长异常的烟苗，留下大小一致的烟苗（图 4-4）。

2）间苗、补苗时，尽量用同一苗盘内烟苗进行补苗，防止亲本间发生混杂。

3）间苗工具用乙醇进行消毒，操作完一盘消毒一次。

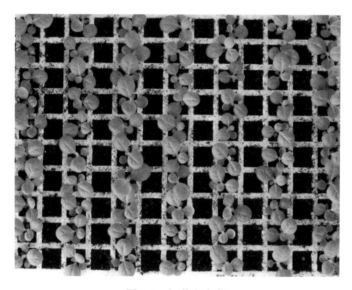

图 4-4　间苗和定苗

（五）剪叶

剪叶是烟草漂浮育苗中培育壮苗的关键技术之一，剪叶可以调节烟苗根系和地上茎叶生长，增强抗逆性。剪叶的原则是前促、中稳、控大促小，剪叶以不剪到心叶为原则（图 4-5）。为防止剪叶过程中病菌感染，剪叶应在露水干后进行，雨天原则上不进行剪叶；剪叶工具用乙醇和火焰进行消毒，剪叶完成后必须将苗盘上剪下的叶片清理干净，整个苗期剪叶 4～5 次。

（六）炼苗

炼苗可以提高烟苗的适应性和抗逆能力，提高移栽成活率，移栽前必须炼苗，炼苗时间一般不少于 7 天。移栽前一周控水、控肥进行炼苗，将漂浮育苗盘抬离水面进行控水，当烟苗略有萎蔫时进行补水，萎蔫严重时将育苗盘放回育苗池内吸水，当烟苗恢复后再抬离水面，如此反复进行。炼苗以中午略有萎蔫，早晚能恢复为宜（图 4-6）。

图 4-5　剪叶

图 4-6　炼苗

（七）病虫害防治

　　苗期病虫害防治以预防为主，切断病害传播途径，重点预防病毒病的发生。育苗过程中必须做好育苗场地、育苗物资、育苗用具及操作人员的消毒工作，保持好育苗场地内的清洁卫生。苗期虫害需重点防治斜纹夜蛾、蚂蚁、蛞蝓和烟粉虱；病害需重点预防 TMV（烟草花叶病）、TLCV（烟草曲叶病）、猝倒病、根腐病等的发生，可以通过相关药剂进行科学防治。

（八）其他注意事项

1）苗期喷施农药选用高效低毒的农药，并控制好喷施浓度。浓度过高会造成烧苗；浓度过低达不到防治效果。同时掌握好喷施时间，一般在 10:00 以前或 17:00 以后，严禁在中午气温高时喷施农药。

2）做好苗期的巡查工作，发现异常及时采取有效的处置措施妥善处理。

3）揭、盖棚膜时应注意操作到位，防止棚膜内侧水珠滴落对烟苗造成灼伤。

四、成苗标准

繁种烟苗要求侧根发达，根干重≥0.05g，根冠比≥0.15；苗高 10cm 左右，茎高 6～8cm，茎直径≥5mm；茎秆纤维素含量高，含水量低，韧性强，茎干重≥0.02g；叶色正绿，整齐一致（图 4-7）；无病虫害。移栽前，必须取样进行 TMV 试纸检测，只有检测结果呈阴性的烟苗才能用于移栽。

图 4-7　壮苗图例

第二节　大田期管理

在烟草种子繁育生产过程中，大田期管理是一项极其重要的工作，贯穿烟苗移栽到种子收获整个生产流程。在这个过程中，一方面要满足烟株对水、肥、光、温、气等环境要素的要求，保证植株正常生长发育；另一方面要积极防御旱、涝、风、霜、雹、冰冻、病虫及杂草等危害，保证植株正常生长。在整个大田生育期内，为烟草种子繁育创造最优越的条件，综合利用各种有利因素，克服不利因素，使烟草植株发挥最大的生产力。

一、移栽前准备

（一）整地

土壤是农作物赖以生存的重要环境因子之一。正确的耕作技术能促进土壤可持续利用和农作物产质量的提高，不正确的耕作方式将对土地生产力产生负面影响。烟草种子繁育过程中，土壤环境对烟草根系的生长发育及其生理功能影响较大，通过整地，可以改善土壤的理化性质，调节土壤的水、气、热及养分的供应，促进烟株的正常生长，提高烟草种子的产量和质量。

烟田平整对促进烟株生长十分重要。整地前先清除田间杂草，疏通排灌水沟，做到排灌通畅，确保田间无积水，土壤能及时晒干。土地平整后便于灌溉管理，节约用水，改变由土地高低不平、供水不均造成的烟株参差不齐。同时田间积水的减少也会大大限制烟草疫霉 [*Phytophthora parasitica* var. *nicotianae*（Breda de Hean）Tucker]、链格孢菌 [*Alternaria alternate*（Fries）Keissler] 等病原菌的繁殖和传播，促进烟草植株健壮生长。

（二）深耕

1. 深耕作用

改变土壤的理化性质。深耕可以改善土壤结构，增强土壤的透气性和保水性，提高土壤蓄水和保肥的能力，为烟草植株的生长发育创造良好条件。土壤的疏松或紧实，一般以容重和空隙度来表示，容重小，空隙度大，表示土壤疏松。在浅耕条件下，松土层很薄，耕作层下面形成了一紧实的犁底层，大大限制了深层根系的发育，减少烟株对土壤水分和无机营养的吸收量，使叶片变窄。深耕打破了犁底层，增厚了活土层，使土壤容重显著减小，改善了土壤的透水、蓄水能力，具有促进根系发育的作用。

结合施用有机肥料来提高土壤肥力。深耕后土壤物理性质发生变化，透气、透水性的增大，加强了好气性微生物的活动，加速了有机质的分解，促进土壤本身释放较多的养分。深耕时结合施用有机肥料，使有机肥与犁底土混合，可增加土壤有机质含量和保水肥能力，提高土壤肥力和生产力。

减少病虫害和杂草。深耕会提供不利于病菌、虫卵生存繁衍的环境条件，起到降低其越冬基数和抑制其繁殖蔓延的作用，达到直接或间接消灭病原物的目的。利用深翻将草籽深埋，翻出草根，短时间内形成不利于杂草生长的环境条件。

促进根系和地上部生长。深耕增厚了活土层，改善了土壤的理化性质，为根系的生长创造了良好条件，使之不但有较多的浅层根系，还有大量的深层根系，增大了对雨涝和干旱的抵抗能力。同时，根际分布的扩大为烟株发育奠定了良好的基础，促进了烟株的营养生长，确保了烟草种子的产量和质量。

2. 深度要求

耕作的适宜深度一定要因地制宜，既要根据当地的土质、耕层、耕翻期间的天气等条件选择，又要考虑劳力、农机具和肥料的情况。原耕层浅的土地宜逐渐加深耕层，切忌将新土层的生土翻入耕层。烟田深耕深度要逐年加深，一次加深程度为 3～5cm。

繁种田要求深翻土地，犁地深度不低于 30cm，做到翻犁深浅一致。耙地垡块要求无漏耙，田间无明显大土块。土地犁耙后要求田块平整，无较大起伏和壕沟，达不到要求的需增加犁耙次数，一定要做到垡碎土细。为确保按时移栽，墒情较好，土地犁耙工作可根据实际情况酌情调整。

（三）起垄

起垄不但便于田间排灌，提高地温，增加土壤的通透性，提高肥料利用率，促进烟株良好发育；还可以减少烟草黑胫病、病毒病等病害的发生。

1. 起垄时间

一般要求在烟苗移栽前 3～5 天起垄，起垄时间过早，会导致墒体板结、通透性下降，甚至生长杂草。

2. 起垄标准

垄距 1.2m，垄高 35～40cm，要求垄直沟平，宽窄均匀，高低一致，土块细碎，垄体饱满。

3. 起垄方法

（1）人工起垄

起垄前要充分细犁细耙，使土地平整、土壤疏松，按规划的垄距划线定位。条施基肥后，人工进行起垄。人工起垄，垄体美观，但起垄效率低、成本高。繁种面积小或者繁种田块小、形状不规则，无法进行机械起垄时，采用人工起垄。

（2）机械起垄

目前烟草种子繁种生产主要以机械起垄为主（图 4-8，图 4-9）。机械起垄效率较高，可大大减少人工成本，但对田块的要求相对较高，不适宜小面积起垄。

图 4-8　机械起垄

图 4-9　整理好的垄体

二、移栽

移栽是烟草种子繁育生产的重要环节。移栽的时间和质量影响烟株的成活率和大田期的生长发育。更重要的是移栽的时间影响烟草生育阶段对自然资源条件的合理利用，故移栽对烟草种子的产量和质量影响很大。

（一）移栽期的确定

一是按照品种繁种计划及品种布局确定相应的移栽期。

二是不育系或杂交种种子的繁殖生产要根据亲本生育特性选择相应移栽期，促使花期相遇。

三是要选择适宜烟株生长的月份进行移栽。

（二）合理规划种植密度

移栽密度对繁种生产非常重要，将直接影响烟株的光合面积、光合强度、光合时间及呼吸消耗，从而决定着烟株的干物质积累、转化及种子产质量。种植密度要根据不同的品种来进行相应调整，一般株行距为 60cm×120cm，每亩种植 900 余株；多叶型亲本由于叶片数多，植株高大，为提高光能利用率，要适当降低种植密度；矮株型亲本适当密植。

种植密度与自然因素、品种特性及栽培条件等有关。构建合理的群体结构，使群体和个体都得以适当发展，根据烟株的生长发育特性，并配以相关技术措施，达到优质丰产的目的。

（三）移栽方法

繁种生产移栽方式主要有无膜移栽、露膜移栽、膜下小苗移栽 3 种方式。

1. 无膜移栽

按株距定点挖穴，施入底肥后，浇足水，采用深水移栽的方式移栽，移栽后不覆膜，但注意及时浇水促进还苗。

2. 露膜移栽

首先按株距在垄上定点挖穴，穴径在 20～25cm，穴深 10cm，然后施底肥，移栽烟苗，浇足水，覆盖地膜，地膜盖好后破膜掏苗，用细土封压烟苗周围地膜；或先在地膜上定点打孔，盖膜后移栽烟苗，然后把烟苗周围地膜封压严实，浇足水（图 4-10，图 4-11）。

图 4-10　露膜移栽

图 4-11　移栽完成的烟苗

3. 膜下小苗移栽

膜下小苗移栽方法主要是在移栽期温度较低、天气干旱情况下采用。移栽时要求垄体饱满、平直，垄高40cm，垄顶宽30～40cm，垄土细碎且紧实。移栽时定点挖穴，穴径20～25cm，穴深15～20cm。起苗时选择长势一致的4～5片真叶烟苗，带土起苗。施入穴肥和农药后，栽苗，浇水，封土。烟苗栽后四周呈直径20cm、深15～20cm的盆状凹坑空间。坑周边撒毒饵后，封盖地膜，压实封严。在苗上方开一小孔，保持适当通风，移栽后12～15天，部分烟苗叶片已顶住地膜，如不及时掏苗，就可能因膜内高温而灼伤烟苗，所以应及时掏苗封土。

三、施肥

烟草在生长发育过程中，需要一定数量且比例合理的多种营养元素。这些元素各具功能，彼此不能相互替代，缺乏某一种元素，烟株的生长发育便会受到影响。烟株一生需氮、磷、钾最多，称为肥料三要素。生产实践中把氮、磷、钾三要素总结为"磷壮根茎氮长腰，多施钾肥质量高"。同时，中微量元素对烟株生长也至关重要，过量或不足均会引起烟株营养障碍，需注意适当调控。

（一）烟株需肥规律

苗移栽后随着烟株的生长，养分摄入量不断增加。栽后25～30天内对养分吸收量不大，之后随着烟株的迅速生长，吸收量逐渐加快，50～60天时氮素的吸收量达到最高峰，至烟株现蕾之后逐渐变缓。

（二）繁种生产常用肥料

繁种生产常用肥料包括无机肥料、有机肥料、有机复合肥和中微量元素肥料。

1. 无机肥料

烟草专用复合肥：普遍使用的有 N∶P_2O_5∶K_2O 为 15∶15∶15 或 10∶10∶24，通常作基肥和追肥施用。

硝酸钾：氮（纯氮）含量为 13.5%，钾（K_2O）含量为 44.5%，其含有的氮为硝态氮，是理想的追施用肥，一般用作根外追肥。

硫酸钾：钾（K_2O）含量为 50%，可用作基肥、追肥。

磷酸二氢钾：磷（P_2O_5）含量为 52%，钾（K_2O）含量为 35%，易溶于水，一般用作根外追肥。

钙镁磷肥：磷（P_2O_5）含量为 15%～18%，适于各种土壤，磷易被土壤所固定，应集中深施，最好与有机肥混合施用，可提高肥效。

2. 有机肥料

饼肥：饼肥富含各种养分，可称完全肥料，是我国传统的烟草优质肥料。其中以芝麻饼肥施用增产增质效果明显，油菜籽饼肥使用较广。饼肥在分解过程中产生的中间产物被根吸收，促进植物体内代谢活动，利于糖分积累。由于饼肥是缓效肥料，在施用时应粉碎、发酵腐熟，一般作基肥条施。

厩肥和堆肥：厩肥和堆肥总称粗肥。厩肥由牲畜粪便与泥土、杂草、秸秆等混合沤制而成。由于畜粪来源、混合比例不同，养分含量差异较大。使用粗肥首先在积沤时要严禁混入烟株残屑、草籽、虫卵和人粪尿，防止病、虫、杂草传播和氯含量的增加；其次一定要充分沤制腐熟，提高养分有效性；最后是结合深耕施入，随犁翻入犁底，促其分解转化。

3. 有机复合肥

腐殖酸肥料（简称腐肥）是一种含腐殖酸类物质的复合肥料，主要含有腐殖酸铵、腐殖酸磷、腐殖酸钾等，适用于各种土壤，特别是在中低产烟田应用效果更好。宜作基肥，若作追肥需早追，并配合浇水。根外追肥应在烟株进入旺长期以后进行，可起到保水抗旱的作用。

4. 中微量元素肥料

烟株正常生长发育不仅需要大量元素供应充足、协调，还需要微量元素进行合理配比。烟株常用微量元素肥料主要有硫酸锌、硫酸锰、硫酸铜、硫酸亚铁、钼酸铵、硼砂等。可作基肥和追肥，也可作根外追肥。

（三）施肥依据

养分平衡是烟株苗壮生长的必要前提。烟株施肥应根据生产目标和土壤养分状况而定，缺什么补什么，缺多少补多少，这就要求测土配方，根据不同品种需肥特性来科学合理施肥。

1. 根据不同品种需肥特性的差异性

不同品种需肥性不同，根据不同品种的需肥规律来确定各品种施肥方案。例如，K326、CC27 需肥量大，应适当多施肥，可以适量增施有机肥等；云烟 100、云烟 87、云烟 97 需肥性中等，施肥量相近，需肥量中等；红花大金元、翠碧 1 号需肥量小，在具体种植过程中应根据实际情况调整施肥量。

2. 根据烟株生殖生长的养分供应特征

繁种生产施肥是通过对施肥时期与施肥量的合理掌握，协调好烟株营养生长和生殖生长之间的"源、库、流"关系。在烟株的营养生长阶段合理施肥，为烟株后期生殖生长提供健康有效的营养供应源，并在烟株生殖生长阶段提高磷肥、钾肥和硼肥等的施用比例，扩大库容，从而实现丰产的目的。

烟株生殖生长阶段的营养供给可直接影响烟株花序形成和花芽分化、授粉受精及蒴果形成和对种子的养分供给。所以在施肥上需做到如下两个方面：一是保证烟株养分供给的持续性。增施有机肥可以疏松土壤，改善土壤的理化性状，提高肥料的利用率。在繁种生产中，配合施用有机肥和饼肥有利于提高种子的产量和质量。二是不同营养元素的合理搭配。烟草生长需求量较大的营养元素为 N、P、K、Ca、Mg，这些营养元素单靠土壤本身很难满足烟株正常生长需要，必须通过施肥进行补给，不同营养元素还需进行合理搭配。繁种生产不同于烟叶生产，在施肥量及营养配比上与烟叶生产都有很大的差别。繁种生产中 N：P_2O_5：K_2O 为 1：2：3，磷肥作为热性肥料，适当增施可促进烟株根系生长，增施钾肥有利于果实的发育与蒴果、种子的饱满，对提高种子产量有利。

微量元素 Zn、B 等，对烟株生长同样重要，锌肥有利于烟株光合作用主体叶绿素和生长素的合成，提高烟株抗性；硼肥则有利于烟株开花，提高授粉结实率，并有促进生根和光合产物转运的作用。

3. 在烟株生长的特定阶段适时、适量合理施肥

烟株生长前期需肥量较小，保证有适度的肥料供应即可。中期（旺长期）需肥量较大，但为了不让烟株营养生长过盛，该时期施肥需进行严格调控，既要培养健壮烟株，又不能过分贪青。生殖生长过渡期（花序开始形成）是决定种子产质量最重要的时期，为促进烟株花芽的分化，该时期养分的供给要求相对严格，要求营养均衡，加强微量元素的补给。最后是生殖生长阶段，这一阶段由于烟株营养生长逐渐停止，肥料利用率下降，烟株容易表现脱肥，该阶段需解决好烟株营养的持续供应问题，仍需外界补充肥料。

针对烟株的养分需求特征，在施肥技术水平上需作出较大改进。首先，繁种生产中肥料的施用量要比烟叶生产高 30%～50%；其次，在营养生长阶段肥料的施用量要超过烟叶生产总施肥量的 20%～30%，这样才能保证在营养生长到生殖生长转化期间有一个较好的养分衔接；最后，进入生殖生长阶段还需进行养分的持续供应，以保证蒴果和种子发育成熟所需的养分。

4. 根据土壤肥力与肥料类型制定施肥策略

土壤性质及肥力水平不同，应适当调整施肥量来平衡土壤肥力差异。特定目标产量条件下的氮肥施用量计算方法为：该目标产量条件下的氮素需求总量与土壤中有效态氮素含量的差额，即为烟草应从肥料中补充的氮素。需从肥料中补足的氮素含量除以该品种对所施氮肥的吸收利用率，就得到了应施用的氮肥数量。

四、植保措施

烟草繁种生产从育苗阶段到种子收获过程中，面临如猝倒病、根腐病、TMV、曲叶病、黑胫病、烟粉虱、烟青虫、烟蚜等病虫害的威胁。做好植物保护工作对于优质种子的生产来说是非常重要且系统的工作。

（一）培育健壮无病种苗

为减少田间初侵染源，降低大田移栽后害虫传毒导致病害流行的风险，应培育无毒壮苗。采用集中育苗方式，严格消毒，科学系统防治，培育健壮种苗。

（二）对病原、虫源集中防治

在对繁种片区病虫害发生情况详细掌握的基础上，了解和分析病原物或传毒昆虫的特性，以及各类病虫害传播途径。采用集中扑杀、生物防治控制虫源或者化学防控等方式，消除病原物对繁种片区的影响。如不能做到完全消除，需制定相应的合理措施，切断虫害传播途径。其主要措施是：做好繁种田块轮作，做好田间杂草的防除，避免种植容易造成害虫滋生的作物，清除上季繁种遗留下来的烟杆、烟叶等残余，开展绿肥种植，降低害虫虫口数，培肥地力。

对于土传病害或者田间病残体造成的病害，应采用更周密的预防措施。由田间病残体导致的传毒，应在上季收获后做好田间烟株的清理工作，避免出现人为疏忽导致的传毒风险。在当季移栽前、土地犁耙前后，洒石灰粉进行消毒，必要时可向田间土壤喷施农药杀虫、灭菌。在整个种子生产过程中，可以采用黄板、黑光灯、性诱剂等防控措施预防和防治病虫害（图4-12，图4-13）。

图4-12 绿色生态植保——黑光灯诱杀

（三）建立科学合理的多样性种植制度

种植制度是农业生产中极为重要的一个环节，是一个地区或生产单位作物种植的结构、配置、熟制与种植方式的总称。对于烟草繁种生产过程来说，多样性种植制度主要体现在合理的种植布局上，包括轮作、间作、套作、连作和品种轮换等。多样性种植制度对烟草繁种田间病虫害防治具有重要的意义，科学合理地选择配套作物和设计种植模式，是达到预期防控病害效果的关键。

现有的多样性种植制度中，轮作制度已经充分应用于烟草繁种生产。例如，玉溪中烟种子有限责任公司通过将烟草与豆科植物田菁轮作，使侵染烟草的病原物不能获得连续繁衍的机会，从而稀释了单位面积内病原物的种群密度；田菁良好的干物质还原率和根系固氮作用提高了土壤肥力，有利于后作烟株的生长发育和系统抗性的建立（图4-14）。

图 4-13 绿色生态植保——黄板诱杀

图 4-14 烟草-田菁轮作系统

五、田间管理

移栽以后，要根据烟株的生育特点，结合当地生态条件，加强烟田管理，达到"五匀""六无""三一致"。"五匀"即施肥匀、移栽匀、中耕匀、浇水匀、打顶匀，"六无"即无花、无杈、无草、无病、无虫、无板结，"三一致"即烟株高低一致、叶片大小一致、同部位烟叶成熟一致。烟株根系发达，茎秆粗壮，叶色正常，生长健壮，发育良好，群体整齐，结构合理，无病虫害，为获得优质丰产良种奠定好基础。

（一）大田保苗

烟草株高叶大，每棵烟可占据 0.55～0.67m² 的烟田面积。缺株断垄或有弱小烟株就会造成周围小环境的改变，使周围烟株生长受到影响，导致烟株生长整齐度较差，进而影响后期的大田管理，甚至影响种子产质量，因此要及时采取查苗补栽和弱苗偏管等措施，促使烟苗整齐一致。

1. 查苗补栽

移栽后应及时查苗，发现缺苗及时补栽，确保烟田苗全、苗匀。农谚有"全苗保丰收，缺苗产量丢""中间缺一苗，相邻黑两棵""两大夹一小，三棵长不好"，说明必须重视查苗补苗工作。

2. 防治地下害虫

地下害虫是造成缺苗的主要原因之一，所以防治地下害虫是保苗的关键。通常，在烟苗带药移栽的基础上，结合施毒饵和药剂灌根，可有效防治地下害虫。发现由地下害虫危害造成的缺苗时，要及时补栽。

3. 弱苗偏心管理

农谚"两大夹一小，三棵长不好"强调了烟田苗全、苗齐的重要性。因为烟苗只有在大田中生长一致，相同部位烟叶才能生长一致。移栽后应在 15 天内对弱小烟苗及时采取浇"偏心水"、施"偏心肥"等措施，加强管理，促弱苗尽快生长，使烟苗个体生长健壮，群体长势一致。

（二）中耕除草

杂草对当地气候、土壤、耕作制度等有高度的适应性，往往具有较强的休眠性，较高的繁殖系数，强大的根系、再生能力和抵抗不良环境的能力，使其在与烟株的生存竞争中常处于优势，影响烟株生长，对种子产质量造成威胁。因此，烟田除草是大田管理中不可忽视的一项重要措施。

1. 人工除草

在烟苗移栽成活后，根据田间土壤板结及杂草生长情况，适时进行 1～2 次中耕。中耕以锄破土表，疏松土壤，促进根系生长，清除田间杂草为目的。每次降雨后必须及时中耕除草，以减轻杂草对烟株生长发育的影响，做到烟田无杂草。

2. 化学除草

化学除草具有减轻劳动强度，降低人工投入，提高烟叶的产量和品质等优点，其简便易行，是现代化烟田管理防除杂草的重要措施。烟田应用化学药剂除草，要严格操作，以防发生药害。一是在使用前要详细查看药品使用说明，掌握施用剂量和施用方法；二是药具要能充分雾化药液，做到喷洒均匀；三是要将使用过的药具洗刷干净，最好能做到专药专用，以防药桶内存留的残药伤害烟草或其他作物。

（三）中耕培土

中耕培土是必需的栽培管理措施。中耕培土一般和除草、追肥结合，通过这些栽培措施的操作，可以有效改善烟田的小气候，为烟株生长尤其是根系生长创造良好的条件。

1. 中耕

中耕可以疏松土壤，较大限度利用雨水，抗旱保墒，改善土壤通气状况，提高地温和土壤供肥能力，并且促进根系发育，引根下扎，减轻病虫草害等。

中耕的时期、次数、深度应根据烟株生育期、气候条件、杂草滋生情况、烟株长势等具体情况而定。一般移栽后浅锄1～2遍，栽后25～35天深锄一遍，并结合小培土。团棵至旺长期中耕1～2遍，并分次完成培土。前期浅锄，以疏松土壤、防旱保墒、破除板结、提高地温为目的。浅锄5cm左右，做到锄匀、锄平、不翻土，近苗处只刮破地皮、不动苗、不伤根；中期深锄，以促进根系发育、消除杂草和适度培土等为目的。行间深锄10～15cm，株间深锄5～7cm；后期浅锄，结合培土进行，以除草、保墒、破除板结或降低土壤湿度为目的。中耕深度，一般为4～7cm。

2. 培土

培土应在团棵期以前进行，一般在移栽后25天左右。要求铲除杂草，松动表层土壤，深提沟，高培土（高40～50cm），达到墒体饱满、沟直底平的标准（图4-15）。培土前先揭去地膜，在根基部环施培土肥。为便于田间灌溉和排水，培土时需清理出排灌沟渠。

图4-15 培土后田间表现

（四）抹杈

腋芽生长在不同时期都会发生，其长势除跟品种有关外，还与不同生长阶段、外界温度等息息相关。例如，云烟97、红花大金元品种的腋芽较少，但K326、云烟85、云烟87等品种的腋芽较多；温度越低腋芽发生越多；腋芽前期长势弱，后期长势强。腋芽生长不但会抑制叶片的生长发育，还会削弱顶端优势，消耗烟株养分，所以在各个时期只要有腋芽发生需及时抹除，促进烟株养分向生殖器官输送。

（五）种株选择

种株选择是进行花粉收集与田间授粉前的重要环节，是保持品种优良种性的必要措施，是防止品种退化的重要手段，是提高种子纯度和质量的技术保障。种株选择操作需由种子繁殖专业技术人员亲自进行（图4-16），要严格按照繁育品种亲本特征特性选择种株（亲本），选择标准应从该品种亲本的植物学特征、农艺性状、长势、病害发生等方面的综合情况着手。种株选择应分多次进行，逐次对劣、杂、弱株进行筛选。

图4-16 种株选择

父本的选择：应分别在现蕾期前、现蕾期、中心花开放期和花粉收集前进行4次系统选株。初选在父本烟株现蕾前进行，重点淘汰病株、劣株；复选在现蕾期和中心花开放期各进行一次，重点淘汰杂株、劣株；决选在花粉收集前进行，淘汰杂株、劣株和病株，选择具有该亲本典型性状且生长健壮的植株留种。

母本的选择：应分别在现蕾期、中心花开放期、授粉期和种子采收前进行4次系统选株。初选在母本烟株现蕾期进行，重点淘汰病株、劣株；复选在中心花开放期和授粉期各进行一次，重点淘汰杂株、劣株；决选在种子采收前进行，淘汰杂株、劣株和病株，选择具有该亲本典型性状且生长健壮的植株留种。

除上述主要时期外，从苗期至花粉收集或种子采收的各阶段均应进行不间断的选株，一经发现及时封顶或拔除。若品种纯度低于95.0%，应全田淘汰，父本不得收集花粉，母本不得授粉留种。

（六）其他日常管理

大田阶段各项农事操作频繁，农事操作人员需要相对固定，以确保各项农事操作规范、高效进行，并保持良好的田间卫生，做到墒体无杂草、沟内无积水。具体要求如下。

1）固定田间日常操作工人，各项农事操作人员分开。做好田间农事操作的统筹安排，尽量减少田间人员走动。安排专人及时清除田间杂草、垃圾，保持整洁的繁种生产环境。

2）在大田期，安排专人清除病株，并做好病残体的定点处理。各项农事操作前，必须先清除病株，在操作过程中做到勤消毒、及时更换消毒液（10%肥皂水或75%乙醇溶液）。在清除病株时，尽量避免其与其他正常烟株的触碰摩擦，消除人为的病虫害交叉传染。

3）根据田间烟株生长情况，及时组织工人开展各项农事操作，做到烟株水肥供给及时、充足，促进烟株的正常生长。

4）根据田间土壤含水情况及时进行排灌。每天巡视田间情况，确保沟渠畅通、田间无积水。如需使用喷灌，则应注意灌溉水源水质，避免出现人工接种导致病害的情况发生。

第三节　花粉工业化与田间授粉

烟草品种按照育性可分为可育品种和不育品种（不育系品种）。2003年以前，我国普遍种植可育烟草品种，2003年云南省烟草农业科学研究院成功将K326、云烟85、云烟87转育成雄性不育品种，并开始在全国大面积推广应用，至2007年，烤烟雄性不育品种的种植面积已占到全国烤烟种植面积的40%以上，近年来稳定在50%左右，烟草雄性不育品种的种植已成为我国烟叶生产的主要模式。

常规可育品种的种子生产不需要人工授粉便可自花授粉结实，但不育品种和杂交种的种子生产必须通过采集花粉、人工辅助授粉才能受精结实。因此，花粉收集与田间授粉是烟草不育系和杂交种种子繁殖生产的关键环节，也是体现种子繁殖生产技术的重要环节之一。熟悉掌握花粉收集、贮藏与授粉关键技术，对获得理想的种子产量、质量有着重要的意义。

一、花粉工业化进程及授粉技术发展

进入21世纪后，烟草不育系和杂交种种子的生产种植已成为世界烟叶生产的主要模式之一。2007年前，在烟草不育系和杂交种种子的生产过程中，主要采用花对花授粉和使用纯花粉进行人工授粉的方式。花对花授粉受气候影响大，授粉效率低，易交叉传播病虫害；而纯花粉授粉，花粉采集费时费工，易失活，制种成本高。花粉收集、贮藏

及授粉技术成为制约烟草杂交制种技术发展的瓶颈，制约着烟草雄性不育系和杂交种在我国的进一步推广应用。2008 年后，玉溪中烟种子有限责任公司等单位开始联合攻关，在花粉活力调控、介质花粉及授粉新技术研究方面实现了重大突破，成功研制开发出介质花粉授粉技术体系，逐步实现了花粉工业化和授粉技术的飞跃。

1. 花对花授粉方式

花对花授粉，就是采摘父本的花朵，然后用父本花朵的花药直接去涂抹母本的柱头，完成授粉。在父本花盛开期，先采集父本花朵，然后将父本花的花药暴露出，用粘着花粉的花药去涂抹母本花朵的柱头，实现授粉（图 4-17）。

图 4-17　花对花授粉方式

2005 年前，不育系和杂交种种子生产上主要采用花对花授粉的方式进行人工辅助授粉。但该授粉方式受天气影响大，灵活性差，授粉效率低，成功率低，易交叉传播病虫害，种子产量、质量低，繁殖生产成本高。另外，父母本花期不遇也是花对花授粉的不利因素。

2. 收集花粉授粉方式

收集花粉授粉，即收集父本的花粉，用毛笔、小毛刷等工具将花粉涂抹到母本的柱头上，完成授粉。收集花粉授粉方式，首先采集含蕾期至花始开期的父本花朵，然后剥离花药，晾晒干燥后，花药裂开，用特定目数的网筛筛出花粉，存放于广口瓶中，放置在 4℃低温冰箱保存。授粉时，从冰箱取出花粉分装于小瓶中，带至母本田间，用毛笔或小毛刷蘸取花粉涂抹母本柱头完成授粉（图 4-18）。

2005～2007 年，收集花粉授粉技术在种子生产上得到了普及应用，该授粉方式有效解决了"花对花授粉"方式受天气影响大、灵活性差、授粉效率低、成功率低、易交叉

图 4-18　收集花粉授粉方式

传播病虫害及父母本花期不遇等诸多问题，种子产质量较"花对花授粉"方式大幅提升。然而，收集花粉授粉方式虽然在一定程度上改进了烟草杂交制种授粉的方式，但在种子实际生产过程中仍面临几个突出问题：一是收集烟草花粉费时费工，授粉效率和花粉利用率低，烟草种子生产成本过高；二是花粉在采集和低温贮藏过程中易丧失活力，授粉时影响受精成功率，烟草种子生产效率低；三是烟草种子产量和质量偏低，难以满足现代烟草农业的发展需求；四是烟草种子生产技术水平低，无法实现与国际先进种子生产技术的接轨。

3. 介质花粉授粉方式

烟草介质花粉技术是近年来在烟草杂交制种过程中研究和应用的新型授粉技术。马文广等（2009）提出了烟草介质花粉授粉技术理念，即在纯花粉中添加适宜的介质，以调控花粉活力，提高花粉利用率和受精成功率，进而提高种子繁殖生产效率。同时，从花粉活力调控、纯花粉采集和贮藏、花粉介质内在组分及功能验证、介质花粉研发及产业化应用等方面入手，进行针对性探索研究，获得了显著成效。

烟草介质花粉就是在纯花粉中添加一种或数种有机、无机物质配制而成的花粉与介质的混合物（图 4-19），介质就是中介物质（有机或无机物质）。通过在烟草纯花粉中添加有机、无机中介物质配制成烟草介质花粉，应用到授粉过程中，既可起到稀释和节省花粉的作用，又可以促进花粉的萌发与受精，提高种子的产量和质量。

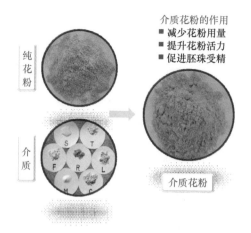

图 4-19　介质花粉授粉方式

　　介质花粉是由纯花粉与花粉介质按照适宜比例混配而成的。授粉前，先收集父本花粉，然后与介质混配成介质花粉，对母本进行授粉。马文广等经过探索性研究，先后筛选出了可溶性淀粉、花粉囊粉、柱头粉等花粉介质，创造性地研发出了淀粉、花粉囊、柱头等单一介质花粉（图 4-20）。单一介质花粉授粉的成功研发和应用，提高了花粉利用率、授粉效率和受精成功率，父母本种植比例由 1∶3.5 扩大为 1∶（4～6），种子平均亩产量由 6.10kg 提高至 14.04kg，种子发芽率达到 95% 以上，种子繁殖生产成本大幅降低，在种子生产上有效实现了"减工、降本、提质、增效"。

图 4-20　可溶性淀粉与纯花粉混配得到淀粉单一介质花粉

　　随后，在单一介质花粉成功应用和技术体系不断成熟和完善的基础上，集成不同介质的优点，将可溶性淀粉、花粉囊粉、柱头粉、蔗糖粉、葡萄糖粉等单一介质合理组配，并辅以硼砂、轻质碳酸钙等，与纯花粉混配后，研发出复合介质花粉（图 4-21，图 4-22）。复合介质花粉集成了各单一介质花粉的优点，弥补了各单一介质花粉的不足，授粉效率和受精成功率进一步提高，父母本种植比例进一步扩大为 1∶（5～8），种子平均亩产量提高至 19.18kg，种子发芽势和发芽率均达到 95% 以上，种子繁殖生产成本进一步降低。

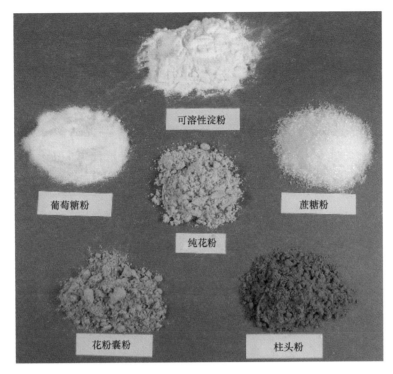

图 4-21　复合介质花粉配制的主要材料

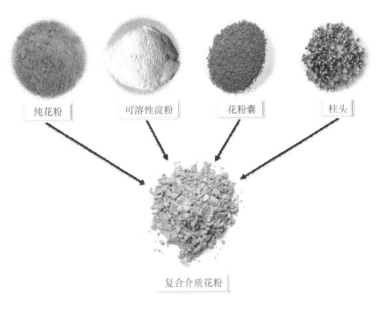

图 4-22　复合介质花粉制备

　　此外，在固体介质花粉研制成功的基础上，研究人员还成功研究出液体介质花粉。液体介质花粉由多胺、蔗糖、葡萄糖、硼砂、氯化钙等溶液与烟草花粉制备，便于机械化操作和调控花粉活力，可以显著提高坐果率、种子千粒重，但由于在授粉时液体介质流动性不容易控制，对种子产质量造成了一定程度的影响。因此，在种子大面积生产上，将烟草液体介质花粉技术作为技术储备，固体复合介质花粉技术成为了广泛应用的授粉技术。

二、花粉工业化及烟草花粉工厂

近年来，随着花粉活力调控、花粉收集、花粉贮藏、介质花粉、授粉等新技术的规模化应用及技术体系的逐渐成熟，逐步实现了烟草花粉的工业化生产与应用，形成了规范的烟草花粉工业化技术体系，主要包括花粉活力调控、花粉采集、花粉贮藏、花粉活力检测、介质花粉制备等技术过程。

（一）花粉活力调控

花粉活力是指花粉萌发并实现受精的能力。烟草花粉在成熟过程中受气候环境和田间管理影响大，对采集方法和技术要求高，正常条件下烟草的花粉活力一般在 50%～80%，花粉采集时如遇阴雨、低温、大雾等花粉活力大幅降低。花粉活力的高低直接影响授粉质量及种子的产量、质量，采用低活力的花粉授粉，花粉使用量大、受精过程慢、坐果率低、单位果实种子数量少、种子产量低、种子成熟一致性差、种子活力低。因此，十分有必要对花粉活力进行调控。

目前，对烟草花粉活力调控的成熟方法不多，按照调控处理的时间可分为采集前调控和采集后调控。花粉采集前活力调控，是在花粉采集期对花序喷施能促进花粉成熟、提高花粉活力或耐贮藏性的物质；花粉采集后活力调控，是在花粉收集过程中或收集后添加能提高花粉活力、促进花粉萌发、受精的物质。

多胺是生物体代谢过程中产生的具有生物活性的低分子质量脂肪含氮碱，是调控植物生长和发育的重要生理活性物质。研究发现，多胺含量与花粉活力密切相关，调控多胺合成的精氨酸途径（关键酶是精氨酸脱羧酶，ADC）和鸟氨酸途径（关键酶是鸟氨酸脱羧酶，ODC）可影响烟草花粉中内源多胺含量，进而影响花粉活力。喷施外源多胺可有效提高烟草花粉的内源多胺含量，进而提高烟草的花粉活力和耐贮藏性。在烟草花粉采集前，对花序喷施浓度为 0.5mmol/L 的外源腐胺（Put），2 天后采集花始开期的花朵收集花粉，花粉低温贮藏后的花粉内源多胺含量和保护酶活性较高，花粉萌发率、花粉管长度仍可保持在较高水平。因此，花粉采集前喷施外源多胺可提高花粉活力，延长花粉低温贮藏时间。

授粉识别后花粉的萌发受柱头环境的影响较大，在花粉中添加能提高花粉活力、促进花粉萌发、受精的物质，可有效提高花粉的受精成功率和效率，这些物质称为花粉介质，主要有糖类、蛋白质、脂类、氨基酸、酶、激素、钙离子等。添加这些外源物质不但能为花粉萌发提供必要的外部能量、营养物质、有机合成中间产物，创造良好的萌发条件，促进花粉萌发、花粉管生长、受精，还可以有效节约花粉用量，提高花粉的有效利用率，这也是介质花粉研发的重要依据。

（二）花粉采集

烟草常规可育品种种子的繁殖生产不需要人工授粉，因此不需要收集花粉。目前，烟草不育系和杂交种种子的生产采用介质花粉授粉方式，花粉是基础材料，花粉采集是必需的关键环节。

　　花粉采集的具体方法是：采摘含蕾期至花始开期花朵（花冠顶端泛红至红，且花冠尚未开放的父本花朵）（图4-23），使用机械或人工脱粒方式，对花药进行脱粒。将花药均匀摊开，置于低温、干燥、通风环境中晾置1~2天，待95%以上花药裂开后进行干燥，花药充分裂开散粉后（图4-24），用50目分样筛将花粉筛出，分装入花粉贮藏瓶内，贴上标签（标明花粉品种名称、采集日期、采集地点、质量等）后贮藏备用。花粉贮藏应由专人负责管理，并做好详细的花粉保存、使用记录。

图 4-23　采集的烟草花朵

图 4-24　散粉的烟草花药

不同亲本的父本花粉收集工作采取隔离管理，不同品种的父本花粉在隔离条件下完成花药脱粒、花粉风干、晾晒、过筛等操作，以防止串粉。花粉收集、贮藏过程中，相关操作人员应相对固定，进行与花粉有关的各项操作时，要严格防止花粉发生混杂和污染，确保花粉纯度。在保存期间要定期进行检查，防止花粉因受潮或保存期过长而失去活性或瓶口密封不严而受到污染。

（三）花粉贮藏

在雄性不育系和杂交烟草品种制种过程中，为满足大面积母本授粉的集中需要，需提前对父本花粉进行采集贮藏，花粉的贮藏效果直接影响制种效率和效果，合理贮藏花粉可确保制种获得较多群体数量的后代。在室温、自然湿度下，烟草花粉寿命只有 15 天左右，除自身遗传特性外，花粉在贮藏过程中，花粉含水量、贮藏温度、贮藏时间均会对花粉生活力产生影响，贮藏温度、湿度越高，贮藏过程中烟草花粉活力降低速度越快。

1. 烟草花粉干燥

刚收集的新鲜烟草花粉的含水量一般在 8%～10%，需对其快速干燥后才能进行贮藏。温度低可减缓花粉活力的下降，干燥速度快可减少对花粉的损伤。因此，烟草花粉的干燥应选择低温、干燥的环境。

烟草花粉干燥的方法很多，一般采用自然干燥法或硅胶干燥法。自然干燥法，是在花粉筛分前后直接将其置于室外晾晒（宜在傍晚）干燥，该方法受气候环境影响较大。在烟草花粉收集过程中，一般采用硅胶干燥法。在封闭的硅胶干燥器中，烟草花粉的含水量随着干燥时间的延长逐渐下降（图 4-25），干燥 12h 内花粉含水量快速下降，12h 以后花粉含水量下降速度减缓，趋于平稳；干燥 12h 内花粉活力较高，干燥时间超过 12h 花粉活力显著下降。

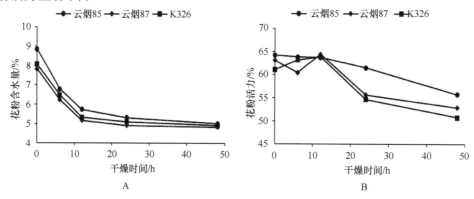

图 4-25 干燥时间对不同烟草品种花粉含水量（A）、花粉活力（B）的影响

2. 烟草花粉贮藏

超低温贮藏是指在–80℃以下的超低温环境中贮藏花粉的技术。超低温的冷源可采用干冰（–79℃）、超低温冰箱、液氮（–196℃）及液氮蒸气（–140℃）等，其中最常用的超低温贮藏方式是液氮保存。花粉在液氮超低温状态下贮藏，新陈代谢基本停止，处

于"生机停顿"状态，从而保证了花粉的长期安全贮藏。

液氮超低温贮藏条件下，贮藏前预处理方法及贮藏后解冻方法对含水量较低的云烟85 花粉活力影响较小。对于含水量较高的云烟85 花粉，贮藏前预处理方法相同，贮藏后在37℃水浴解冻5min 的花粉活力显著高于在25℃常温解冻30min 的花粉活力；贮藏后解冻方法相同，贮藏前进行预冷前处理的花粉活力显著高于直接投入液氮贮藏的花粉活力。在采用相同预处理及贮藏后解冻方法的情况下，含水量较低的云烟85 花粉活力比含水量较高的花粉活力高（图 4-26）。花粉含水量越高，超低温贮藏过程中花粉细胞内越容易结冰，越易造成冰冻伤害。

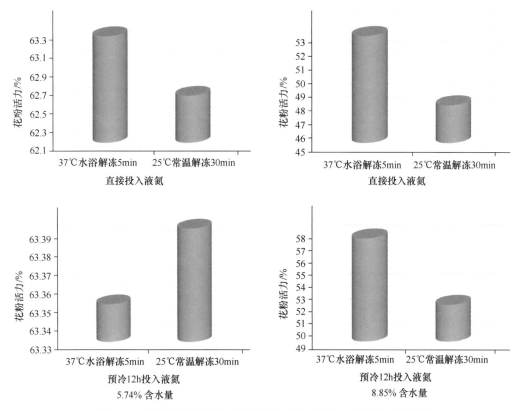

图 4-26　预处理及解冻处理对不同含水量云烟85 花粉活力的影响

烟草花粉贮藏效果受贮藏温度、含水量、贮藏时间影响。研究表明，含水量5.17%～6.48%的烟草花粉在5℃、–4℃和–18℃下可贮藏6～9 个月，在液氮中可进行长期贮藏。花粉贮藏前，应控制花粉含水量为5%～7%，然后根据需要在5℃、–4℃和–18℃冰箱里对烟草花粉进行短、中期贮藏，或在液氮中进行长期贮藏（图 4-27）。

（四）花粉活力检测

采用高活力的花粉授粉是提高杂交制种效率和效果的基本保障，因此在授粉前需对花粉进行活力检测。花粉活力的检测方法主要有三种：一是染色法，如氯化三苯基四氮唑（TTC）染色法、碘化钾（I_2-KI）染色法等；二是花粉离体萌发测定法；三是花粉授粉结实检测法。染色法除能使正常活力花粉着色外，还能使不具有受精能力的未成熟或衰老的花粉着色，使花粉活力测定值偏高。花粉授粉结实检测法是根据结实情况判断花

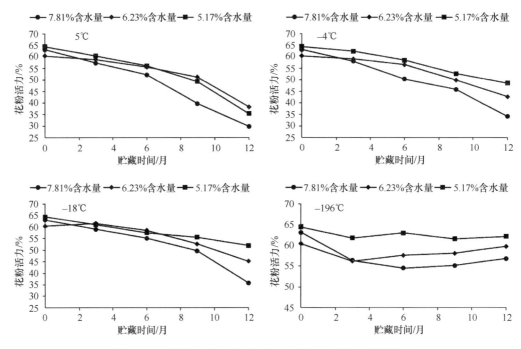

图 4-27　不同含水量及贮藏时间对云烟 87 花粉活力的影响

粉活性,由于检测受气候环境和人为操作影响大,烟草花粉数量和结实数量统计难度大,检测时间长,很难定量判断花粉活力,因此在烟草花粉活力检测中应用不多。花粉离体萌发测定法是将花粉播种到培养基上,使花粉萌发,通过统计花粉萌发率来表示花粉活力,具有检测方法简单、时间短、重复性好等优点,是普遍采用的花粉活力检测方法。

花粉离体萌发测定法根据培养基的不同又可分为固体培养法和液体培养法。固体培养法是将花粉洒落在固体培养基上,花粉和花粉管重叠聚集较多,花粉萌发率统计相对较难;液体培养法对技术要求相对较高,但花粉分散均匀,花粉管观察清晰,是较为理想的烟草花粉活力检测方法。

采用液体培养法检测烟草花粉活力,培养基成分、浓度、花粉量等对检测效果和结果有显著影响,经过技术参数优化,研究出了适用的烟草花粉活力检测方法,具体如下。

1)培养基组分及花粉浓度:培养基中蔗糖含量为 10%~15%,硼酸含量为 25mg/L;花粉浓度以 2.5g/L 为宜(图 4-28)。

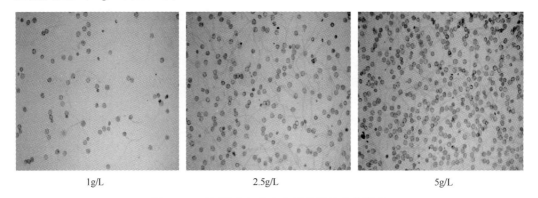

| 1g/L | 2.5g/L | 5g/L |

图 4-28　不同浓度红花大金元花粉的萌发情况

2）花粉活力检测具体方法：称取 2.5mg 纯花粉于 2.5mL 离心管内，加入 1mL 液体培养基，混合均匀后，滴入凹形载玻片的凹形槽内，然后将载玻片置于加有两层湿润滤纸的培养皿中，将培养皿置于培养箱中，于 25℃下恒温暗培养 3h，混合均匀后进行镜检，以花粉管长度超过花粉粒直径作为萌发标准，每个处理均设 3 个重复（制 3 个片），每重复随机观察不少于 5 个视野，统计花粉萌发率。

花粉萌发率（%）=（观察视野内萌发花粉粒数/观察视野内花粉粒总数）×100。

（五）花粉介质及介质花粉的制备

1. 淀粉介质花粉制备

研究表明，将淀粉作为介质，可为花粉萌发生长提供外源能量，促进花粉管的伸长和母体胚珠的全面受精，大幅减少花粉用量，提高种子产量和质量。

制备方法：淀粉介质选用医用级可溶性淀粉，粒度为 50～300μm，含水量≤5.0%。授粉前，将可溶性淀粉与纯花粉按质量比 1：2 均匀混合，制备成淀粉介质花粉，应用于授粉。

2. 花粉囊介质花粉制备

2008 年以前，在花粉收集过程中花粉囊均作为废弃物。花粉囊和花粉是同源物质，对花粉无伤害，与花粉具有良好的配伍性，是良好的天然同源性花粉介质。采用花粉囊作为花粉介质，既可变废为宝，又可充分利用花粉囊及其内残留的花粉。

制备方法：采摘含蕾至花始开期的花朵，收集花药，自然晾干或于 25～30℃烘干至花药裂开，筛分出花粉和花粉囊。将花粉囊在 40～50℃下烘干至含水量 5.0%以下，磨碎至粒度为 50～300μm（图 4-29），置于 4℃干燥环境下封存备用，贮藏时间不宜超过 1 年，或置于超低温冰箱或液氮中长期贮藏。将花粉囊粉末与烟草纯花粉按质量比 1：2 混合均匀，即为花粉囊介质花粉。

图 4-29　花粉囊介质制备

3. 柱头介质花粉制备

柱头是花粉收集过程中产生的另一废弃物，柱头及其分泌物中含有丰富的糖类、蛋白质、脂类、氨基酸、酶、激素等物质，既可促进花粉与母本柱头的亲和，又能为花粉萌发提供必要的外部能量、营养物质、有机合成中间产物及良好的萌发条件，促进花粉的萌发和花粉管的生长。

制备方法：将收集花药后的父本花朵置于室内通风处晾置24h，用剪刀将柱头从其下0.1～0.2cm处剪下，然后将柱头低温干燥至含水量小于5.0%，冷冻磨碎至粒度为50～300μm（图4-30），置于4℃干燥环境下封存备用，贮藏时间不宜超过90天，或置于超低温冰箱或液氮中长期贮藏。将柱头粉末与纯花粉按质量比1∶2混合均匀，即为柱头介质花粉。

图4-30　柱头介质制备

4. 复合介质花粉制备

复合介质花粉集成了各单一介质花粉的技术特征和核心优点，完善了介质花粉应用技术，提升了应用效果，实现了介质花粉的工业化、标准化应用，是目前烟草种子生产中采用的主要介质花粉技术。应用复合介质花粉授粉可有效促进花粉与柱头亲和及其萌发生长，显著提高受精成功率、坐果率及种子产质量，大幅降低纯花粉使用量和种子生产成本。

制备方法：将可溶性淀粉、花粉囊粉末、柱头粉末、蔗糖、葡萄糖、硼砂、轻质碳酸钙按质量比50∶30∶10∶5∶4∶0.5∶0.5均匀混合，制成复合介质（图4-31），置于4℃干燥环境下封存备用，贮藏时间不宜超过90天，或置于超低温冰箱或液氮中长期贮藏。各组分粒度均为100～200μm、含水量低于5.0%。授粉前，将复合介质与纯花粉按质量比1∶1混合均匀，即为复合介质花粉。

（六）烟草花粉工厂的主要功能和用途

花粉是植物种质重要的保持形式之一，包含该物种的基因信息，具有丰富的遗传多样性，是种质保存交换、育繁种、种子生产的重要材料。近年来，玉溪中烟种子有限责任公司等单位联合创新攻关，逐步实现了烟草花粉工业化的重大跨越。为进一步促进烟草行业的可持续发展，适应烟草种子技术的发展需求，玉溪中烟种子有限责任公司集成多项最新技术成果，在公司烟草种子冬繁基地建设了国内外第一座烟草花粉工厂（图4-32）。

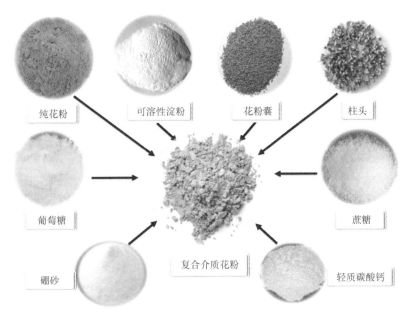

图 4-31　复合介质花粉制备

图 4-32　烟草花粉工厂

烟草花粉工厂分为 6 个功能区域和 1 个信息化管理系统，具体功能和用途如下。

1. 花粉前处理区

配备有真空干燥机、低温冷冻干燥机、冷冻研磨机等设备，具备花药收集、干燥，花粉筛选、干燥、收集，介质收集、处理、制备等功能，主要用于花粉和介质贮藏前的收集、处理、分装等。

2. 花粉活力检测区

配备有电子分析天平、水分测定仪、荧光显微镜、光照培养箱等仪器设备，具备检测花粉活力和含水量的功能，主要用于花粉出入库前的花粉活力和含水量测定。

3. 短期贮藏区

配备有 8 台低温冷藏柜，贮藏温度为 4℃，环境空气相对湿度为 40%，有 6000 个贮藏单元，每个贮藏单元可贮藏 10g 花粉或介质，花粉的贮藏期限为 6～12 个月，主要用于烟草种子生产当季花粉和介质的贮藏（图 4-33）。按照花粉和介质的比例为 1∶1、每管花粉可生产 1kg 种子计算，最大贮藏量的花粉和介质可生产 3000kg 种子，可满足全国烟叶生产 1 年的用种需求。

图 4-33　短期贮藏区

4. 中期贮藏区

配备有 6 台超低温冰箱，贮藏温度为–80℃，环境空气相对湿度为 40%，有 12 万个贮藏单元，每个贮藏单元可贮藏 0.5g 花粉或其他材料，花粉的贮藏期限为 5～10 年，主要用于种子生产当季结余花粉、介质的中期保存及重要花粉、种子、介质、活体材料等的贮藏（图 4-34）。

5. 长期贮藏区

配备有 4 个液氮储存罐，有完善的液位监测、罐内温度监测和室内低氧报警系统，贮藏温度为–196℃，环境空气相对湿度为 40%，有 2.4 万个贮藏单元，每个贮藏单元可贮藏 0.5g 花粉或其他材料，花粉的贮藏期限为 20 年以上，主要用于珍贵种质花粉、活体材料及试验材料的长期贮藏（图 4-35）。

图 4-34　中期贮藏区

图 4-35　长期贮藏区

6. 介质花粉配制区

　　配备有生物安全柜、电子天平、烘箱及介质花粉制备装置，具有各种介质花粉可安全配制的功能，主要用于出库花粉的处理和介质花粉的制备，为田间授粉或花粉应用做好前期材料准备。

7. 烟草花粉资源信息化管理系统

该系统是对烟草花粉生产、处理、贮藏、使用过程中所产生的数据进行全面系统管理的一套应用软件，包括样本管理、内容检索、贮藏定位、出入库管理及后台数据维护等模块，具备烟草花粉等样本信息化管理、内容快捷查询、精确贮藏定位、规范出入库管理、数据库动态更新等功能，可以实现贮藏样本的标准化、信息化、规范化管理（图 4-36）。

图 4-36　烟草花粉资源信息化管理系统主功能界面

烟草花粉工厂是国内外首个集工业化生产、标准化贮藏、专业化处理、信息化管理、规模化应用于一体的烟草花粉专业平台，针对烟草行业，面向全国提供烟草种质花粉资源服务，并与国外烟草种子相关研究单位、企业开展资源的交流与合作。烟草花粉工厂可以满足烟草种质花粉资源规模化贮藏需求，构建了烟草花粉的多元化应用体系，规范了花粉收集、处理、贮藏、使用的技术规程。

三、田间授粉

常规烟草品种的烟株虽不需要专门进行人工授粉，但需根据品种特征特性及气候条件，关注烟株花朵是否出现自交授粉亲和性差的现象。在过去的常规品种种子生产过程中，出现坐果率偏低、种子产量不高的现象，在一定程度上便是因为发生授粉障碍，部分烟株柱头高于花药，花药成熟裂开后花粉不容易落到柱头上。如出现此类自交授粉亲和性差（障碍）的现象，需根据田间实际情况进行辅助传粉，即在每天中午露水干后，安排技术工人轻摇烟株进行辅助传粉，使花粉充分散落到柱头上完成授粉受精，以有效提高种子产量。

授粉是烟草雄性不育系和杂交种种子繁殖生产的关键技术环节，是确保种子产量和质量的前提保障。具体方法如下。

（一）授粉准备

授粉前，要提前做好准备工作，主要包括物资准备、母本烟株前处理、介质花粉配制与人员培训。

1. 物资准备

准备花粉收集用具、冷藏设备、玻璃小瓶、棉签等，所有的设施器物均需做好清洗或消毒处理。

2. 母本烟株前处理

母本烟株现蕾后，在授粉开始前，首先要根据烟株长势、营养状况、品种特性等将多余花枝去除，一般保留中心花以下 7~8 枝花枝。要将盛开的花朵摘除，保留含蕾期至花始开期的花朵。

3. 介质花粉配制

根据授粉面积、花粉用量等实际需要，将经过活力调控的纯花粉，按照配制工艺及参数进行介质花粉的配制，然后把完成配制的介质花粉分装入大广口瓶和小玻璃瓶中，以备授粉时用。原则上介质花粉要现配现用，保持花粉的高活力。

4. 人员培训

授粉人员在授粉前必须经过培训，熟练掌握授粉方法、最佳授粉时期和花粉涂抹量（母本花朵柱头均匀涂白）。培训采用集中讲解、技术人员操作示范等方式进行。授粉过程中，技术人员对工人的授粉质量进行检查和监督，对没有完全掌握授粉方法、授粉质量不过关的工人进行现场单独培训直到熟练为止，以确保授粉质量，提高授粉效率。

（二）田间授粉

1. 授粉时间

授粉时间为每天 8:30~12:30 和 14:30~18:30，降雨期间不得授粉，需待雨水干后授粉。

2. 最佳授粉期

含蕾期至花始开期，即花冠膨大泛红至花冠松散却未完全打开、花色正红时为最佳授粉期（图 4-37）。对于已盛开或凋谢的花朵一律摘除。当同一田块内 50% 左右的烟株达到授粉要求时（每株烟有 10 朵花），即可进行第一次授粉。

3. 授粉方法

掐去母本花冠前端小部分，以刚刚露出花朵柱头为宜，同时避免损伤柱头和花柱。然后用棉签蘸取小玻璃瓶中少量花粉，均匀涂抹于母本柱头上，以花粉均匀铺满整个柱

图 4-37　田间授粉

头表面为标准。根据烟株开花情况，可持续对烟株进行授粉，授满 250 朵后即可进行疏花。在整个授粉过程中，花粉应保存于冷藏箱内，以保证花粉活力。为节约花粉用量，提高授粉结实率，田间授粉采用介质花粉进行授粉，具体使用方式、方法参照烟草行业标准《烟草种子　介质花粉制备及应用技术规程》（YC/T 458—2013）执行。

（三）疏花疏果

不育系和杂交种父本在花粉收集结束后，应及时进行封顶处理。母本在授粉花朵数达到 250 朵后第 2 天进行疏花疏果，将未授粉的花朵及花芽摘除，最终留蒴果 200～230 个。在蒴果膨大时，要及时清除凋谢的花冠、柱头及残留物，以免真菌滋生影响坐果率和种子健康。

常规可育品种因不需要授粉，在中心花开放前摘除中心花，在平均青果数达到 200 个左右时，进行第一次疏花，此时将未开放的花朵、花蕾及虫果、霉果摘除，只保留已开放和已坐果的健康蒴果；第二次疏花在第一次疏花 5～7 天后进行，将果枝上残留的所有花朵、花蕾及虫果、霉果彻底疏除。

第四节　种子收获

一、蒴果采收

（一）种子采收准备

种子采收前，对晾晒场地进行彻底清理，清除上一年晒场或晾房中残留的烟草种子与灰尘。各品种烟草种子应分开晾晒，且晾晒场地要保持严格的隔离，严防种子混杂，确保种子纯度。

对种子晾晒、脱粒、精选相关设备和器具进行彻底的清洁消毒及检修，确保其不带有残留种子且能正常使用。在使用种子分样筛进行种子精选前，需要对筛子中残留的烟草种子进行灭活。电动风箱、种子脱粒机、数控微粒种子分选机等机械设备用沸水进行反复刷洗，清除设备内残留的种子，晒干设备以供使用。

（二）蒴果采摘

1. 采摘方式

现行的烟草蒴果采收方法主要有整株采收和逐果采收两种。

整株采收指的是待烟株上 70%～80% 蒴果果皮呈浅褐色时，采下整个果枝，分品种、分地块进行晾晒、脱粒和加工，严防品种混杂。整株采收具有工序简单、省时省力的特点，但由于整株采收条件下蒴果成熟度往往不一致，从而影响了种子的产量和质量。这一方法现已不提倡使用，被逐果采收方式替代。

逐果采收是指蒴果成熟一个，采收一个，成熟一批，采收一批，分批次采收。在蒴果进入完熟期，即蒴果果皮呈浅褐色且有光泽、萼片呈浅黄色或黄色（图 4-38）时，便可进行蒴果采收。常规可育品种根据开花及青果成熟先后分批次逐果采收。不育系及杂交种则根据授粉时间先后，按成熟先后分批次逐果采收。对于达不到采收标准的蒴果原则上不允许采收。同时，对混入的霉果、虫果、不符合采收标准的蒴果进行清理，以提高采收蒴果的一致性，降低种子精选难度。采用逐果采收方法，收获的蒴果成熟饱满，种子产量高、稳定，质量、活力均匀一致，为大田农业生产育苗过程中提升出苗整齐度、培育健壮苗奠定了坚实的基础。

图 4-38　MS 云烟 87 成熟蒴果形态

2. 采摘时间

采果时间为每天 8:30～12:30 和 14:30～18:30，当采收的蒴果带有露水时，可将其置于太阳下晾晒，然后于晾房中风干。蒴果采收时机应根据实际天气情况进行适当调整。如果在采果时节连续遇到阴雨或干旱，蒴果会有假熟现象，应实时调整采果的时间，掌握好蒴果成熟度。

采果时，应根据田间蒴果成熟情况计划采果人数，并对工人进行分组，由小组长进行管理。采果前对工人进行培训，掌握采收技术要领后方可从事采果操作。技术人员全程对采果质量进行检查和监督。在采果期间，每个品种固定一批采果工人，要求工人不得跨片区、跨品种参与采果操作。

二、蒴果晾晒

蒴果采收后分品种送入专用晾房内后熟 1～2 天，待种子与果皮分离后置于太阳下晾晒干燥。在晾房内晾制过程中，由于蒴果含水量较高，每天必须对蒴果进行翻动，并密切观察有没有霉变发生。如发现蒴果霉变，应及时组织工人清除。在蒴果采收期间如遇阴雨天气，无法晾晒蒴果，采用种子干燥设备进行干燥处理，风干温度 30℃，时间 4～5h，手捏蒴果表皮无明显黏性即可。

三、种子脱粒与清选

采收的蒴果在晾房内完成后熟作用后，置于太阳下晒 2～4 天，当蒴果果皮完全干燥后采用脱粒初选一体机进行脱粒。当蒴果果皮没有充分干燥时，不得进行机械脱粒，避免对种子造成机械损伤。

对烟草种子进行清选，目的是为了去除种子中的杂质和破损种子，提高种子净度和外观质量。依据烟草种子质量标准，严格进行种子清选，清选次数根据实际情况而定。

种子脱粒后可直接进行风选，然后再用 50 目分样筛和数控微粒种子分选机进行清选，去除细微杂质和秕粒种子。清选好的种子在装袋前需在太阳下进行晒种，以进一步降低种子含水量。晒种时间不宜过长，根据当时日照强度，一般为 1～2h。如果在晒种过程中混入了杂质，在装袋前还必须进行再次清选。

种子清选质量标准：种子干净无杂质，无秕粒和破损的种子；种子籽粒饱满均匀，表面光泽油亮，色泽一致，呈深褐色；种子净度在 99%以上；种子含水量在 7%以下。

四、检验入库

完成清选的种子由质检人员取样进行种子质量检测，要求种子含水量≤7%、发芽率≥90%，种子干净，籽粒饱满，色泽均匀一致，无明显杂质和霉变种子。

经检测，各项质量指标达到要求的种子方可装袋入库，没有达到质量标准的种子还需进行二次清选，并通过质量检验合格后才能入库。如经过多次复选后仍不能达到质量标准的种子，必须就地淘汰、销毁。

待入库种子按标准分装，一般标准为 8.0kg/袋，并在种子袋内外附上标签，标明品种名称、产地、日期、净重、编号等信息，并做好入库登记。对已入库的种子要经常检查是否有霉变、含水量过高等异常变化，发现异常要及时采取相应方法进行处理。

第五章　烟草种子的精选、干燥及贮藏

种子的精选、干燥及贮藏是烟草种子产业化体系的重要环节。科学的精选、干燥和最佳的贮藏条件可以延长种子寿命，使烟草种子的生活力和活力保持在尽可能高的水平，使种子数量的损失降低到最低限度，从而为烟叶生产提供高质量的种子，为育种科技创新提供丰富的种质资源。

第一节　种子精选

烟草种子的精选环节是种子生产、加工的重要组成部分，是提高和保证种子质量的主要措施。烟草裸种在包衣或贮藏前，必须通过精选分级从种子中分离异作物、杂质或者不饱满的种子，以提高种子的活力和纯度。因此，种子的精选是种子田间生产与加工处理中非常重要的技术环节。

一、精选的目的和意义

烟草裸种精选包括清选和精选分级。清选主要是清除混入种子中的杂物、杂草、空瘪等掺杂物，以提高种子纯净度，并为种子安全干燥和贮藏做好准备。烟草种子精选分级的主要目的是严格防止异作物种子的混入，剔除不饱满或劣变的种子，以提高种子的精度级别和利用率，进一步提高种子的均匀度、饱满度、容重、千粒重、纯度、发芽率和种子活力。种子精选主要有以下几方面的重要意义。

（一）推进烟草种子质量标准化

烟草种子质量标准化是指大田烟叶生产所用优良品种的种子质量达到国家规定的质量标准。烟草种子进行精选有利于推进烟草种子质量标准化。

（二）提高烟草种子质量

烟草裸种经精选去掉种子中的杂质、破碎籽粒、杂草和霉变种子，使种子的饱满度、净度、千粒重、发芽率明显提高。良种要求净度不低于99%，发芽率不低于90%，籽粒均匀、饱满，色泽一致，有油光，深褐色。

（三）实现精准播种

精选后的烟草种子，质量好，发芽率高，可以减少播种量，节约用种，在生产上实现精准播种。

二、精选的方法

烟草种子根据形状、大小，以及精选目的的不同需要选择不同的精选方法。

烟草种子精选是根据种子堆中各组成部分所固有的物理特性和机械运动相结合的原理进行的。在烟草种子规模化、标准化精选过程中，一般新收获的种子需要进行初选、基本清选和精选分级，主要采用筛选和机器风选相结合的方法；在烟草种子包衣加工或播种前，采用水选的方法对烟草种子进行精选。

（一）筛选

刚收获脱粒的烟草种子夹杂有各种杂质，为此需要根据种子及各种杂质的物理特性差异，利用物理或机械的方法，采用不同规格的网筛，对种子进行认真、反复筛选，将种子中的杂质彻底清除，直至种子净度达到相关国家或行业标准。烟草种子形态不一，有长椭圆形、卵圆形、肾形等，一般长0.6～0.8mm、宽0.4～0.55mm。根据烟草种子大小特征，首先采用30目网筛（筛孔尺寸：0.6mm）筛选，去除阻留在筛面上的大粒（片）杂质，通过筛孔的种子接着采用50目网筛（筛孔尺寸：0.3mm）筛选，将通过筛孔的小粒（片）杂质、细尘及细碎种子去除，所需的目标烟草种子阻留在筛面上。

（二）风选

由于烟草种子细小，筛选后种子内仍然存在一些与种子大小相差不大的杂质和瘪小的种粒，这些杂质和瘪小的种粒由于质量较轻，难以清除。此时，可利用其空气动力学特性的不同，采用风选方法清除杂质和秕粒。烟草种子风选一般采用风选机反复精选3～5次。一般情况下，风选后的种子仍然夹杂着一些与种子大小、质量相等，表面特性、颜色不同，为数不多但难以清除的粒状杂质，这些粒状杂质可选用50目网筛反复筛隔，同时手工捡除。

烟草种子早期采用手摇风箱风选，风速靠人工手摇速度控制，费时费力，且风速难以控制均匀。随着科技的发展，电动风选机逐渐取代了手摇风箱。例如，烟草种子高效风选装置上配备有电动控制变频调速电机、风速控制装置等主要部件，种子精选效率高，种子质量稳定，设备结构简单，成本低廉，操作简单，设备轻便，特别适合于烟草种子的高效风选（图5-1）。经过风选的种子净度高、饱满、活力好，经质量检验合格后入库贮藏（图5-2）。

图5-1　烟草种子高效风选装置　　　　图5-2　精选后的烟草种子

（三）水选

水选是利用种子密度差异，将不饱满种子、杂质、病原物等从目标种子中分离出来。在烟草种子包衣加工或播种前，为提高包衣丸化种子的质量和健康度，采用水选的方法对烟草种子进行精选。具体操作为：25℃下用清水浸泡种子3h，种子与清水质量比为1∶3，取沉于水底的种子干燥至含水率≤7%，经质量检验合格后入库保存。

第二节　种子干燥

种子是有活力的有机体，会呼吸，能新陈代谢，有生长和死亡的过程。种子含有一定的水分是其赖以生存的必要条件，但种子含水量过高，容易引起种子劣变，会大大缩短种子的贮藏寿命。所以，新收获的种子需要通过干燥处理合理控制含水量，确保种子的质量和贮藏性。

刚收获的烟草种子，含水量高达25%～40%，如不及时干燥，种子容易发热霉变，或者因厌氧呼吸产生酒精而中毒致死，造成重大损失。因此，应及时将种子干燥，实时控制种子含水量，保证种子旺盛的生命力和活力，确保种子质量。

据研究，当种子含水量在40%，容重、比重、密度、孔隙度、导热性和比热容达60%以上时，种子将发芽；当种子含水量在18%，容重、比重、密度、孔隙度、导热性和比热容达20%以上时，种子发热变质；当种子含水量在12%～14%，种子上会因真菌生长而霉变；当含水量在8%～9%，仓虫开始活动繁殖而蛀食种子。因此，对刚收获的含水量高的烟草种子必须及时采用合理的干燥方法将种子含水量降到安全水平，这是提高种子贮藏性能，确保种子发芽力和活力的关键技术措施。

一、影响烟草种子干燥的因素

种子干燥是种子与干燥介质湿热交换的过程，种子从介质环境中吸收热量，向介质环境排出水分。影响烟草种子干燥的因素有：相对湿度、温度、气流速度和烟草种子本身的生理状态和化学成分。在烟草种子干燥时，必须考虑干燥条件对种子活力的影响，确保种子的生命力。

（一）相对湿度

在温度不变的条件下，干燥环境中相对湿度决定了烟草种子干燥后的最终含水量和干燥速率。如空气的相对湿度小，对含水量一定的种子进行干燥的推动力就大，干燥速度快，失水量大，反之则小。

（二）温度

温度是影响种子干燥的主要因素之一。环境温度高，一方面能降低空气相对湿度，另一方面能使种子水分快速蒸发。在相同的相对湿度情况下，温度高时的潜在干燥能力大。在一个气温较高、相对湿度较大的天气对烟草种子进行干燥，要比在同样湿度但气温较低的天气进行干燥效果好，有更高的干燥潜力。

（三）气流速度

烟草种子干燥过程中，种子表面吸附着浮游状的气膜层，阻止种子表面水分的蒸发，必须用流动的空气将气膜层驱走，使种子表面水分蒸发。若空气的流速高，则种子干燥速度快，可缩短干燥时间；但若空气流速过高，则会加大干燥设备风机功率和热能损耗。所以，在提高气流的同时，还要考虑热能的充分利用和风机功率保持在合理范围内，降低种子干燥成本。

（四）烟草种子本身的生理状态和化学成分

1. 烟草种子的生理状态对干燥的影响

刚收获的烟草种子含水量较高、新陈代谢旺盛，干燥宜缓慢进行，或先低温后高温进行两段式干燥。如果采用高温快速一段式干燥，会破坏种子内在毛细管结构，引起种子表面硬化，内部水分不能通过毛细管向外蒸发。在这种情况下，种子持续处在高温中，会使种子体积膨胀或胚乳变松软，丧失生活力。

2. 烟草种子的化学成分对干燥的影响

种子的化学成分不同，其组织结构差异很大，干燥时也应区别对待。烟草种子的子叶中含有大量的脂肪，为不亲水性物质，其余大部分为蛋白质和纤维素。因此，烟草种子的水分较容易散发，并且有很好的生理耐热性，可以用相对较高的温度（45℃以下）快速干燥。在曝晒干燥时，考虑到烟草种子小，种子松脆易破，比热容低，易在高温条件下失去油分，未脱粒前可采用籽粒与蒴果混晒的方法，适量翻动，既能防止种子破损，又能起到促进种子干燥的效果。

二、干燥的方法

烟草种子的干燥过程不同于其他物料干燥，要求尽量保持种子的活力，使种子保持原有的发芽率，防止劣变。烟草种子的干燥方法很多，包括自然干燥、机械通风干燥、加热干燥、干燥剂干燥等。我国气象条件复杂，无论南方或北方在收获季节常逢阴雨天气，要结合当地的气候条件选择适宜的干燥方法。

干燥后的蒴果经脱粒、精选、复晒，种子含水量应控制在 7.0%以下，包装入库贮藏。经过包衣加工的包衣丸化种子含水量应小于 3.0%。

（一）自然干燥

自然干燥就是指利用日光、风等自然条件，或稍加人工条件，使烟草种子的含水量降低至或接近种子安全贮藏水分标准的方法。一般在天气晴朗的情况下，烟草种子采取自然干燥即可达到安全贮藏水分标准。自然干燥可以降低能源消耗，降低种子加工成本。自然干燥分脱粒前和脱粒后两种，干燥方法也不相同。

1. 脱粒前干燥

脱粒前干燥可在田间、场院、晾房、晾架等处进行，利用日光曝晒或自然风干的方法降低种子的含水量。烟草种子自然风干主要指蒴果收获后，在专业晾房内干燥。自然风干的作用一方面是对烟草种子进行初期的慢速干燥，另一方面是促进种子后熟，进一步提高种子质量。烟草种子收获前期，由于收获数量不多，烟草蒴果采收后分品种送入专用晾房内薄摊，通风后熟 1～2 天（图 5-3）。烟草种子收获中后期，由于繁种品种较多，采收蒴果量大，采用多功能晾架进行烟草蒴果的自然干燥（图 5-4）。多功能晾架每层底部有许多网孔，蒴果分层薄摊后可保证通风透气，且干燥均匀，操作简便，节约空间。在风干过程中，由于蒴果含水量较高，每天必须对蒴果进行翻动，并密切观察有无霉变发生，如发现蒴果霉变，应及时清除。采收的蒴果在风干后熟完成后，置于太阳下晒 1～2 天进一步干燥（图 5-5），方便种子脱粒。

图 5-3　专用晾房阴干烟草蒴果

图 5-4　多功能干燥架干燥烟草蒴果

图 5-5　脱粒前烟草蒴果晾晒

2. 脱粒后干燥

晾晒是最简易、最有效的烟草种子干燥方法。脱粒精选后的种子在装袋前需在太阳下进行晾晒干燥，不仅可进一步降低种子含水量，还可杀死部分病菌。晾晒过程中，种子内的水分向两个方向转移：一方面，水分受热向上散发到空气中；另一方面，由于表层种子受热较多、温度较高，底层种子受热较少、温度较低，种子层中产生温度差，根据湿热扩散定律，水分在干燥物体中沿着热流的方向移动，因此在晾晒干燥时，种子中的水分也由表层向底层移动，造成表层与底层种子含水量在同一时间相差 3%左右。为防止上层干、底层湿的现象，在晾晒烟草种子时种子厚度不可过厚，一般不超过 5cm；并在晾晒过程中经常翻动，确保上下层种子干燥均匀。晾晒种子要选择晴天，要求气温高、光线足，干燥时间不宜过长，根据日照强度一般干燥 1～2h，使种子含水量下降至7.0%以下（图 5-6）。

（二）机械通风干燥

刚收获的烟草种子含水量较高，极易发生霉变和造成活力下降，必须尽快采取干燥措施。如遇阴雨天气，可采用机械通风干燥的方法，利用送风机将外界凉冷干燥空气吹入种子堆中，把种子堆间隙的水汽和呼吸热量带走，避免热量积聚导致种子发热变质。机械通风干燥是一种暂时防止潮湿种子发热变质、抑制微生物生长的方法，可在烟草种子专用晾房中装配鼓风机进行烟草蒴果通风干燥（图 5-3）。机械通风干燥是利用外界空气作为干燥介质，受空气相对湿度的影响较大，当烟草种子的持水力与空气的吸水力达到平衡时，种子不再向空气散发水分。

图 5-6　脱粒后烟草种子晾晒

（三）加热干燥

加热干燥是指利用加热空气作为干燥介质（干燥空气）直接通过种子层，使种子水分汽化，实现干燥种子的方法。早期的烟草种子加热干燥设备主要使用可以进行人工调控或自动调控温度的烘箱，后来根据烟草种子的干燥特性开发出了烟草种子多功能干燥设备（图 5-7，图 5-8）。烟草种子多功能干燥设备适用于烟草蒴果或种子干燥，也可用于烟草包衣丸化种子干燥。

图 5-7　烟草种子多功能干燥设备

在蒴果采收期间如遇阴雨天气，无法晾晒蒴果，采用烟草种子多功能干燥设备进行干燥处理，要求在 30℃下干燥 4～5h，手捏蒴果表皮无明显黏性即可。烟草催芽包衣丸化种子的干燥温度应设定在 35℃以下，包衣丸化种子应摊薄至 3～5mm，干燥 4h 后，检测含水量，保证种子含水量在 3%以下（图 5-9）。

图 5-8　多层连体转盘种子干燥架

图 5-9　烟草包衣丸化种子干燥

（四）干燥剂干燥

这是一种将烟草种子与干燥剂按一定比例封入密闭容器内，利用干燥剂的吸湿能力，不断吸收种子扩散出来的水分，使种子变干，直到达到平衡水分为止的干燥方法。利用干燥剂干燥方法，首先要根据种子的含水量和干燥剂的吸水量，正确计算出种子与干燥剂的最适比例，只要干燥剂充足，完全可以人为控制种子的干燥速度和干燥水平，确保种子活力。该干燥方法主要适用于少量烟草种质资源种子的干燥、保存。

目前，烟草种子使用的干燥剂有氯化锂、变色硅胶、氯化钙、活性氧化铝、生石灰和五氧化二磷等。

1）氯化锂（LiCl）：中性盐类，固体，在冷水中溶解度大，可达45%的质量浓度，吸湿能力很强，化学性质稳定，一般不分解、不蒸发，可回收再生重复使用，对人体无毒害。氯化锂一般用于大规模除湿机装置，将其微粒保持与气流充分接触来干燥空气，可使干燥室内相对湿度最低降至30%以下，能达到低温、低湿干燥的要求。

2）变色硅胶（SiO₂）：玻璃状半透明颗粒，无味、无臭、无害、无腐蚀性和不会燃烧，化学性质稳定，不溶解于水，直接接触水便成碎粒不再吸湿。硅胶的最大吸湿量可达自身质量的40%，硅胶吸湿后在150～200℃条件下加热干燥后可重复使用，但烘干温度超过250℃时，硅胶破裂并粉碎，丧失吸湿能力。

3）生石灰（CaO）：通常是固体，吸湿后分解成粉末状的氢氧化钙，失去吸湿作用。生石灰价廉，容易取材，吸湿能力较硅胶强。但是生石灰的吸湿能力因品质而不同，使用时需要注意。

4）氯化钙（CaCl₂）：通常是白色片剂或粉末，吸湿后呈疏松多孔的块状或粉末，吸湿性能基本上与氧化钙相当。

5）五氧化二磷（P₂O₅）：白色粉末，吸湿性能极强，很快潮解，有腐蚀作用。潮解的五氧化二磷干燥后可重复使用。

第三节　种　子　贮　藏

烟草种子贮藏（tobacco seed storage）是把收获后的烟草种子，经过加工处理，采用合理的贮藏设备和先进科学的贮藏技术，人为控制贮藏条件，使种子在贮藏期间生理代谢和物质消耗降到最低限度，在较长时间内保持种子活力，延长种子寿命的过程，可保证种子的播种品质，为烟叶生产做好用种储备。

一、贮藏的目的和意义

种子是有生命的生产资料，高质量的种子是农业增产的关键因素。种子从播种开始到成熟收获，是在田间度过的；从收获到再次播种，也就是等待下一次播种这段时间是在种子库度过的，而种子库贮藏阶段往往比田间生产阶段更长。生产实践证明，采用良好的贮藏条件和科学管理方法，可以延长种子的贮藏寿命，保持种子活力，提高育苗质量，为作物的前期生长发育奠定良好的基础。反之，则会直接影响种子的播种品质和活力，增加育苗成本，甚至给农业生产造成重大损失。由此可见，种子贮藏在农业生产中具有重要的作用。烟草种子安全贮藏的意义在于保持种子的优良种性及生活力和质量，为烟叶生产和育种工作做好品种及资源储备。

二、贮藏的原理

种子是活的有机体，贮藏期间的各种生理代谢过程直接影响种子的生活力和质量，而烟草种子的生命活动又与其所处的环境条件密切相关。因此，掌握烟草种子在一定环境条件下的新陈代谢规律及影响贮藏的因素,对创造适宜的种子贮藏条件、制定正确的贮藏措施具有重要的指导意义。

(一)烟草种子贮藏的生理活动

1. 烟草种子的呼吸作用

烟草种子脱离母体后,时时刻刻都在进行着呼吸。烟草种子的呼吸作用(tobacco seed respiration)是贮藏期间种子生命活动的集中表现。在种子贮藏期间不存在同化过程,主要是进行分解作用及发生劣变,即使是在非常干燥或休眠的状态下,其呼吸作用也并未真正停止,只是相对变弱而已。

脱离母体的烟草种子,不能再从母体中得到营养物质,维持其各种生命活动所需要的能量只能靠自身呼吸作用提供,必然会造成种子中营养物质的消耗。烟草种子因呼吸而消耗的营养物质越少,种子的生活力越强。在烟草种子贮藏工作中,既要求种子有一定的呼吸作用以保证种子各种生命活动的正常进行,又要求种子因呼吸而消耗的营养物质降到最低水平。

种子呼吸作用强度的大小因品种、成熟度、种子大小、完整度和生理状态的不同而不同,同时受环境条件的影响,其中水分、温度和通气状况的影响较大。

2. 烟草种子的后熟作用

烟草种子成熟包括两个方面,即种子形态上的成熟和生理上的成熟。只具备其中一个条件时,都不能称为种子真正的成熟。种子形态成熟后被收获,与母株脱离,但种子内部的生理生化过程仍然继续进行,直到生理成熟。这段时期的变化实质上是成熟过程的延续,又是在收获后进行的,所以称为后熟。后熟过程实际上是烟草种子内部发生准备发芽的变化。种子在贮藏过程中只有通过后熟作用完成其生理成熟阶段,才可认为是真正成熟的种子。种子在贮藏后熟期间所发生的变化,主要是质的变化,而在量的方面只减少不会增加。从形态成熟到生理成熟变化的过程称为种子后熟作用。完成后熟作用所需的时间称为后熟期。不同品种、不同时期收获的烟草种子贮藏后熟期长短有差异。

(二)影响烟草种子贮藏的因素

烟草种子脱离母株之后,经过晾晒、精选进入仓库,即与贮藏环境构成统一整体并受环境条件影响。经过充分干燥的种子,其生命活动的强弱主要受贮藏条件的影响。种子如果处于干燥、低温、密闭的条件下,生命活动非常微弱,消耗贮藏物质极少,其潜在生命力较强;反之,生命活动旺盛,消耗贮藏物质多,其潜在生命力较弱。所以,烟草种子在贮藏期间的环境条件对种子生命活动及播种品质起决定性的作用。贮藏方法得当,环境条件适宜,种子的生命力可以保持 30~50 年甚至更长时间,如果贮藏方法不当,种子则在短期内就会失去利用价值。

影响烟草种子贮藏的环境条件,主要包括空气相对湿度、温度及通气状况等。

1. 空气相对湿度

烟草种子在贮藏期间水分的变化,主要取决于空气相对湿度的大小。当仓库内空气相对湿度大于种子平衡水分时的相对湿度，种子就会从空气中吸收水分，使种子内部水分逐渐增加，其生命活动也随水分的增加由弱变强。相反情况下，种子向空气中释放水分趋向干燥，其生命活动将进一步受到限制。因此，烟草种子在贮藏期间需保持空气干燥，即较低的空气相对湿度是十分必要的。

耐干燥的种子贮藏期间所需保持的相对湿度根据实际需要而定。烟草种质资源保存时间较长，种子水分很低，要求相对湿度很低，一般控制在30%左右；大田生产用种贮藏时间相对较短，相对湿度只需达到种子安全水分平衡的相对湿度即可，从种子的安全水分标准和实际情况考虑，种子库内相对湿度应控制在40%以下为宜。

2. 温度

一般情况下，种子库内温度升高会增加种子的呼吸作用，同时促使害虫和真菌生长产生危害。在春季和春末秋初最易造成种子劣变。低温能降低种子生命活动并抑制真菌的危害。烟草种质资源保存时间较长，常置于较低的温度，如4℃、-4℃、-20℃下贮藏，具有实力的单位和机构可以将种子置于液氮环境下长期保存。大田生产用种数量较多，从贮藏空间和成本等实际考虑，种子库内温度一般控制在20℃以下即可。

3. 通气状况

空气中除含有氮气、氧气和二氧化碳等各种气体外，还含有水蒸气和热量。如果烟草种子长期贮藏在通气条件下，吸湿增温使其生命活动由弱变强，很快会丧失活力。干燥种子贮藏在密闭条件下较为有利，密闭是为了尽可能隔绝氧气，抑制种子的生命活动，减少物质消耗，保持其生命的潜在能力。同时，密闭贮藏也可以防止外界的水蒸气和热量进入种子库内。但密闭贮藏并不是绝对的，当库内温湿度大于库外时，应该打开门窗进行通气，必要时采用机械鼓风加速空气流通，使库内温湿度尽快下降。

综上所述，烟草裸种及加工后的包衣丸化种子均应置入种子贮藏库进行存放、贮藏。烟草种子适宜在低温、干燥条件下贮藏，贮藏库需配套控温、除湿设备，同时需具备通风排湿、遮光等条件，并确保在种子贮藏期间各配置安全稳定。

三、烟草种子库

烟草种子库是贮藏种子的场所，也是种子进行生理代谢的环境。种子的贮藏环境，直接影响种子的生命活动，合适的贮藏环境又要靠良好的库房条件实现。库房环境条件的好坏，对保持种子活力、延长种子寿命、保证种子价值具有十分重要的意义。因此，建设设施完备的种子库是烟草种子贮藏的必要条件，是从事烟草种子经营和管理的基本保障。

种子库从功能和类型上分，主要包括种质资源库、原种库、良种库、花粉库、包衣丸化种子贮藏库等。

（一）烟草种质资源库

种质资源库是用于长期贮藏种质资源的种子库，配套的设备设施要求比常规种子的贮藏库要高，条件要求更严格，除保温结构、低温除湿设备外，还需配备计算机联网监测系统、闭路电视监视系统及专用种质资源贮藏柜等（图 5-10～图 5-12）。种质资源库按功能作用，可分为临时库（短期库）、中期库和长期库三个部分。种质资源库内贮藏的烟草种质资源一式两份，分别保存在中期库和长期库中。

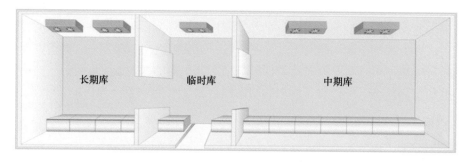

图 5-10　烟草种子资源库平面示意图

图 5-11　种质资源库内部控制系统

图 5-12　种质资源库温湿度控制系统

临时库（短期库）：库内温度（4±2）℃，相对湿度小于 40%，种子贮藏时间为几天至数月，供种子在出入中、长期库之前临时存放与过渡。

中期库：库内温度（-4±2）℃，相对湿度小于 40%，种子贮藏时间为 10～20 年。

长期库：库内温度（-20±2）℃，相对湿度小于 40%，种子贮藏时间为 30～50 年。

种质资源库需避光，保证种子在避光条件下贮藏。

由于烟草种子细小，需要使用存放装置分装后才能放置入种质资源库内贮藏，采用种质资源种子贮藏罐具有取种简便、取种量容易控制、方便固定等优点（图5-13）。

图 5-13　种质资源种子贮藏罐

为便于管理和调用，每份种子需进行编号、入库、定位。为了实现种质资源的高效管理，需要配套建设烟草种质资源的信息化管理平台，在数据库内录入与品种和种子相关的特征特性信息资料，形成条形码，通过烟草种质资源查询系统扫描贮藏罐上的条形码，便可检索到种子及品种的相关信息资料（图5-14）。

图 5-14　烟草种质资源查询系统

（二）烟草原种库

原种是良种繁育最基本的生产资料，是种子企业生存和发展的重要基础。原种库可由大、中、小型冷藏陈列柜，塑料保鲜盒（早期采用玻璃干燥器），空调，除湿机，种子架等设施设备构成，确保种子贮藏环境安全可靠。原种库的室内温度应控制在20℃以下，相对湿度低于40%，冷藏陈列柜中的温度应控制在（4±2）℃，相对湿度小于40%（图5-15），避光贮藏。

图5-15 原种库

（三）烟草良种库

良种是用于烟叶生产的种子，数量大，因此良种库的建设应考虑烟叶生产的用种量及3～5年的种子储备。良种库应配备相应的控温、控湿设备和种子架，保证良种的安全贮藏。良种库的温度控制在20～25℃，相对湿度小于40%（图5-16）。良种分品种悬挂于种子库里的种子架上，不可接触地面，以保证达到防潮、防虫、防鼠的目的，做到"一库一品种""一架一年份"整齐挂放。另外，良种库需具有遮光条件，确保种子避光贮藏。

（四）烟草包衣丸化种子贮藏库

包衣丸化种子贮藏库通常称为成品库。烟草包衣丸化种子吸水性强，包装后贮藏能提高烟草种子防湿、防虫、防病等能力，减少由外界条件变化引起的种子劣变。检验合格的包衣丸化种子成品经包装后放置于包衣丸化种子贮藏库，包装箱的堆放不能太高，避免因堆放层数太高而造成包衣丸化种子压碎、包装箱坍塌的情况发生。包衣丸化种子贮藏期间应严格控制温度和空气湿度，贮藏库需避光，库中配置有空调、除湿机，温度控制为20℃、相对湿度控制为40%以下（图5-17），专人负责定期检查，发现问题及时处理。

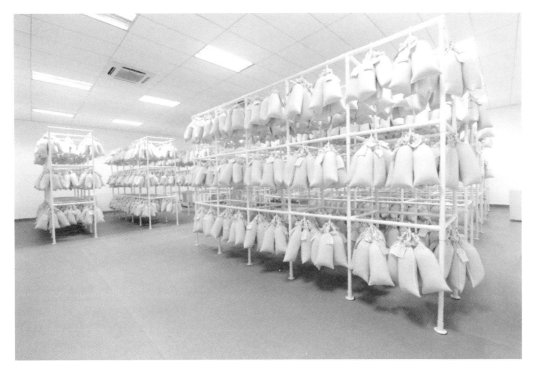

图 5-16　良种库

图 5-17　包衣丸化种子成品贮藏

四、入库及贮藏技术要点

烟草种子要做好采收适时、干燥及时、控制种子温度和含水量、防虫防霉等工作，在入库前认真做好种子的检验工作，严格控制贮藏条件，排除一切影响种子贮藏的不利因素，这样才能达到安全贮藏的目的。

（一）种子精选入库

把握好蒴果的采收成熟度，做好种子的晾晒、脱粒和精选。种子收获过程中应对霉果、虫果、枯果和不饱满的蒴果等进行清理，避免出现种子混杂。精选好的种子在装袋入库前需在太阳下进行晒种，以进一步降低种子含水量。

（二）严把种子入库关

完成精选的良种由质检人员取样进行种子质量检测，要求种子含水量≤7%、发芽率≥90%，种子干净，籽粒饱满，色泽均匀一致，无明显杂质和霉变种子。经检测，各项质量指标达到要求的种子方可装袋入库，没有达到质量标准的种子还需进行二次精选，精选合格后才能入库。如经过多次复选后仍不能达到质量标准的种子，必须就地淘汰、销毁。

待入库种子按标准分装，一般标准为 8.0kg/袋，便于在种子库吊挂贮藏，种子袋以布袋为主，在种子袋内外附上标签，标明品种名称、产地、日期、净重、编号等信息，并做好入库登记。

严把种子入库关应该做到"六不入库"和"五分开"。"六不入库"即种子来源不清的不入库；品种、名称、数量不清的种子不入库；种子含水量高于标准的不入库；种子纯度、净度低于标准的不入库；种子有活虫或病菌感染的不入库；无种子纯度和发芽率证明的不入库。"五分开"指的是有虫、无虫的种子分开；不同种类、品种的种子分开；不同含水量的种子分开；不同纯度、净度的种子分开；新种子和陈年种子分开。

（三）选择正确的包装方法

精选后达到入库标准的良种，按贮藏包装规格或市场需求量精确计量称重，使用对应规格的棉布袋进行包装，棉布袋内装入标签，使用绳线扎紧袋口，棉布袋外挂上记录标签。

烟草包衣丸化种子袋装选用无毒 PVC 薄膜包装袋包装，热合封口；烟草包衣丸化种子罐装选用马口铁罐，采用铁罐封口机封口；完成袋装或罐装包装的包衣丸化种子最后使用纸板箱集成包装，以减少容器中的氧气量。种子袋外应正确标明种子名称及生产的年、月、日和使用年限。

（四）低温贮藏

低温贮藏是指在不损害种子活力的前提下，利用多种方法降低种子库温度，达到安全贮藏的一种方法，包括自然低温贮藏、通风低温贮藏和制冷低温贮藏等。低温贮藏可以有效地延长种子的寿命，最大限度地保持种子的质量，同时有效地控制虫、霉危害，减少种子损失。经过清选干燥至安全含水量的裸种或者包衣丸化种子需在干燥、密封、低温（≤20℃）条件下保存，少量的种子可贮藏在干燥器内，底部盛放生石灰、硅胶等作干燥剂，上放种子袋，然后加以密闭，放置于低温干燥处。

（五）合理堆放

目前，烟草良种大多采用棉布袋装，悬挂于种子存放架上贮藏。种子架每一枇吊挂种子的距离要相对固定，每一钩吊挂的种子数量也要相对稳定，避免因距离短造成种子的相互堆捂摩擦，也要避免因吊挂种子数量过多造成的承重问题，减少种子的损伤和损坏。

（六）加强管理、勤检查

烟草种子入库时，即使含水量低、杂质少、仓库条件合乎要求，在贮藏期间仍需遵守各项规定。库房要及时检查，入夏或越冬后都要对种子的含水量和发芽率进行检验，在库房不同部位多点设置温湿度测量计，定人定时测量，做好记录。一定要确保烟草种子贮藏在低温、低湿、避光环境下，以防种子霉变、呼吸消耗，造成种子发芽率降低，贮藏寿命缩短。

第六章 烟草种子的加工

种子作为一种最基本的、不可替代的、具有生命力的农业生产资料，在农业生产中具有重要的作用。种子从田间收获后，一般不直接用于生产种植，需要进行一系列的加工处理，以充分发挥种子的最大价值。种子加工就是指采用物理、化学或生物技术等工艺，对种子从收获到播种前进行各种技术处理，改变种子的物理及化学特性，改进和提高种子品质，获得高净度、高发芽率、高纯度和高活力商品种子的过程。在现代农业生产中，加工种子具有以下几个方面的显著优点：第一，加工后的种子净度和发芽率提高，种子质量明显提高，出苗整齐，苗多苗壮，为实现精准播种、减少播种量，在农业生产上有效实现"减工、降本、提质、增效"创造有利条件。第二，种子按不同的用途及销售市场经加工成为不同等级的种子，并实行标准化包装销售，提高了种子的商品性，可以有效防止假冒伪劣种子的流通与销售。第三，种子加工处理后，籽粒饱满，大小均匀，作物生长整齐，成熟期一致，有利于机械化播种和收获，提高劳动效率，同时种子经过加工去掉了质量差的种子并包衣，使药剂缓慢释放，既减少了化肥农药施用量，又使农药由开放式施用转向隐蔽式用药，利于环境保护。

烟草作为我国的主要经济作物之一，经过多代烟草种子工作者的不懈努力，烟草种子加工技术取得了长足的发展，在加工设备、引发技术、包衣技术、加工工艺流程、标准化等方面取得显著成效，烟草种子加工技术领域已步入世界一流行列。

第一节　种子加工技术的发展

一、种子加工设备的发展

加工设备是进行种子处理和加工的必要硬件。早期我国的种子加工设备及其配套技术主要从国外引进。随着我国工业的快速发展，具有自主知识产权的种子加工设备不断研制成功、更新换代，许多高技术性能种子加工设备现已在农业生产中普及应用。种子加工设备一般有干燥设备、清选分级设备、引发设备、包衣及丸粒化设备、包装设备等。

（一）种子干燥设备

种子干燥设备从兼用机型发展到专用机型，有各种结构形式，工作方式主要为连续和批次循环等。我国目前已经开发应用的种子干燥机械主要有：固定床式种子干燥机、交替通风式种子干燥机、横流循环式种子干燥机、多级顺流式种子干燥机、混流塔式种子干燥机、低温循环式谷物干燥机等。

（二）种子清选分级设备

目前，我国的种子清选分级设备大多是消化吸收国外先进技术装备的产物，我国已能生产的清选分级设备主要包括风筛选、窝眼选、重力选、圆筒筛分级选。

（三）种子引发设备

种子在包衣加工前，一般要经过引发处理（俗称催芽），种子引发设备主要是应用物理、化学和生物技术原理研制开发的系列设备。我国早期的农作物种子一般不经过引发处理，通过包衣加工后或直接应用到农业生产种植。伴随种子产业的快速发展，自主研制开发力度不断加大，一大批种子引发设备投入生产应用。按类型和功能分，主要有液体引发设备、固体基质引发设备、渗透引发设备、滚筒式引发设备等。

（四）种子包衣及丸粒化设备

发达国家种子丸粒化技术起步早、投入大、发展快，其丸粒化加工设备早已实现了商品化、自动化、标准化、系列化。例如，美国 SPE 公司生产的 RPS 系列旋转型、德国 PETKUS 公司生产的 CT50 型、德国 SUET 公司生产的 RTF 型、KWS 公司生产的 CT-100 型丸化机等。其中美国 SPE 公司的 RPS 系列旋转型丸化机，与丸化后干燥机、筛分设备集成，形成了种子丸粒化生产的专业化成套设备；德国 SUET 公司成功开发了 RTF 型种子丸粒化-流化干燥工艺系统，由旋转型丸化机和流化床干燥机集成，该系统可根据实际需要对种子进行杀菌、杀虫及生物活性成分包衣处理，实现种子多种形式的丸粒化生产。目前，发达国家丸粒化加工设备正向智能化、精细化、优良化的方向发展。

我国种子丸粒化加工技术起步较晚，20 世纪 90 年代，浙江杭州钱桥机械厂等单位吸收国外同类产品的最先进技术，研制出新型种子包衣设备，一定程度上满足了国内用户的需求。农业部南方种子加工工程技术中心在消化吸收多国先进技术的基础上结合我国国情进一步创新，研制出新一代种子包衣加工设备——智能化种子包衣机，广泛适用于小麦、玉米、大豆、水稻、棉籽、牧草籽、蔬菜种子和林木花卉种子的包衣加工。目前我国自主开发的种子丸粒化加工设备较少，生产上应用的丸粒化设备主要以进口德国和美国的产品为主。近几年，国内一些科研院所、生产企业加大了对种子丸粒化设备研制的投资力度，且取得了较大进展。例如，农业部农业机械试验鉴定总站和农业部南京农业机械化研究所共同研制成功的 5WH-150 型种子丸粒化设备，可适用于蔬菜、烟草、牧草、甜菜、花卉、林木种子的丸粒化加工。尽管该设备与美国、欧洲等一些发达国家和地区的种子丸粒化设备技术水平相比还存在一定差距，但与国内现有同类技术设备相比，具有加工能力强、无籽率和多籽率低、供粉均匀、雾化性能好、无滴漏、操作简单、自动化程度高、成本低等特点，发展前景广阔。国内目前该领域主要产品除农业部农业机械试验鉴定总站和农业部南京农业机械化研究所共同研制的 5WH-150 型种子丸粒化设备外，还有南京农牧机械厂生产的 5ZY-1200 型种子丸粒化机、5ZY-450 型种子丸粒化机，中国农机院生产的 5BW-50 型种子丸粒化、包衣一体机，南京天宇机械有限公司生产的 5BW-200 型种子包衣丸化粒机及种子生产企业自主改造的包衣及丸粒化设备。

二、种子引发技术的发展

种子质量对作物的产量和质量有很大的影响，种子活力是衡量种子质量的可靠指标。种子的加工、贮藏以至于播种，均可导致种子活力的下降甚至消失，从而影响种子的发芽和出苗能力，而现代农业生产对种子的发芽率、出苗率、出苗速度及出苗整齐度的要求越来越高。大量的研究证明，种子的活力可以通过一些处理而获得恢复或提高，在众多播前种子处理方法中，种子引发是提高种子活力的一种有效途径。

种子引发（seed priming）也称种子渗透调节（seed osmotic conditioning），最早由 Heydecker 等（1973）提出，是在控制条件下使种子缓慢吸水停留在吸胀的第二阶段，让种子处于准备发芽的代谢状态，但防止胚根的伸出，为提前萌发进行生理准备的一种播前种子处理技术。作为一种简单、有效、易行的提高种子质量的方法，种子引发越来越受到国内外种子研究工作者的重视。通过种子研究工作者多年的研究，已经在引发机制和引发技术研究方面取得了显著成效，先后出现水引发、滚筒引发、渗调引发、固体基质引发、生物引发、膜引发、起泡柱引发等引发方法。

目前，种子引发技术已在许多植物种类上成功应用，其中包括蔬菜作物如石刁柏、甜菜根、结球甘蓝、欧洲防风、胡萝卜、芹菜、黄瓜、大葱、洋葱、欧芹、豌豆、辣椒、甜菜、番茄、菠菜等；粮食作物如大麦、玉米、珍珠黍、水稻、高粱和小麦等；经济作物烟草、大豆；观赏植物如雪叶莲、凤仙花属植物、鼠尾草属植物、报春属植物、马鞭草属植物、矮牵牛属植物和三色堇等；多年生草本植物如蛇目菊、紫松果菊、全缘叶金光菊和牧草植物如大蓝茎草、柳枝稷、六月禾和牛尾草等。

许多因素会影响引发效果，影响因素主要有引发方法、引发剂的种类、引发的渗透势、引发时间、引发温度、引发溶液的 pH 及溶氧量、种子本身特性、引发后的回干和贮藏等。要取得最佳的引发效果，必须根据种子的特征特性，选择适宜的引发方法，控制好引发溶液的水势、引发温度、引发时间及溶液中氧气含量，引发后选择适宜的回干条件和贮藏条件，确保引发效果的保持和种子安全贮藏。

三、种子包衣技术的发展

种子包衣（seed coating）是指将杀虫剂、杀菌剂、植物生长调节剂、微肥、填充剂或着色剂等原辅材料包裹在种子外面，利用黏着剂或成膜剂来促使种子成球形或圆形，增强抗病性和抗逆性，促进发芽，促进成苗，从而增加单产、提高质量的一项新技术。作物种子包衣技术是实现作物良种标准化、加工机械化、播种精量化、栽培管理轻型化及农业生产增收节支的重要途径，也是提高种子"三率"（精选率、包衣率、统一供种率）的重要保障。我国先后颁布了《中华人民共和国种子法》《农作物薄膜包衣种子技术条件》等法律法规和标准，从法律上明确了种子包衣技术的重要性。

（一）国内外种子包衣技术的发展

1926 年美国的 Thornton 和 Ganulee 首先提出种子包衣问题，随后英国捷苗种子公司在禾谷类作物种子上首次成功研制出种衣剂。到 20 世纪中叶，国外种子处理技术迅猛发展，60 年代，种衣剂开始大批量生产并且商业化，在莴苣和洋葱等蔬菜、花卉种子上有了广泛的应用。真正把包衣与苗期病虫害防治有机结合起来是在 70 年代。1976 年，美国的 McGinnis 进行了小麦包衣种子田间试验，获得了抗潮、抗冷、抗病、出芽快、长势好的效果（颜启传，2001）。1978 年，美国首先研制成功薄膜种衣剂，之后欧美各国相继拥有了各自的专利种衣剂，种子包衣技术在发达国家得到普遍应用（谷登斌和李怀记，2000）。美国应用包衣的重点作物种子是玉米、棉花、大麦、蔬菜，意大利和德国是小麦、蔬菜，英国是小麦、大麦、牧草，日本是水稻、蔬菜。

种子包衣技术在 20 世纪 70 年代传入中国，1976 年轻工部甜菜糖业研究所首次对甜菜种子进行包衣研究，随后中国农业大学，中国农业科学院土壤肥料研究所、棉花研究所等单位相继开展种子包衣技术的研究，并研制成功适用于多种作物及牧草种子的包衣技术。中国农业大学自 1980 年以来开始研究种子包衣技术，并配制出适应于多种作物和不同地区的种衣剂。全国各地根据地区特点，也相继开发出一些种衣剂，如浙江省种子公司开发的 ZSB 生物型种衣剂、天津的"芽"牌种衣剂、江苏的"华农"牌种衣剂、黑龙江多元超细粉体工程有限公司的超细粉体种衣剂等。

我国研制的种衣剂与国外产品相比有其独特的优点：一是国外为单一型种衣剂，只含有杀虫剂或杀菌剂，国内研制的种衣剂为含有多种有效成分的复合型种衣剂，产品中均含有农药、微肥及植物生长调节剂等；二是针对性强，国内的种衣剂是在研究不同作物、不同地区病虫害发生规律的基础上研制而成的，防虫治病效果更为明显；三是价格较低，原料国产化程度高，生产成本低，价格仅为进口产品的 1/5～1/3。

我国包衣种子的研制虽取得了很大进展，但还存在一些问题：①剂型单一，现有的种衣剂剂型大多是广谱、通用型，缺乏一定的针对性。②成膜时间长，包衣不全，易脱落。③产品结构不合理，省区间发展不平衡。④种衣剂生产企业多，规模小，技术水平低下，一定程度上制约着进一步发展。⑤管理混乱。国家目前尚无统一的种衣剂、包衣机、包衣丸化种子等的相关标准，生产不规范，检验无根据，造成市场混乱。

（二）种子包衣剂的种类

在生产中常常根据使用目的不同在种衣剂中加入不同的活性成分，根据活性成分的不同种衣剂可以分为单一农药型种衣剂、复合型种衣剂、生物型种衣剂、特异型种衣剂等。

1. 单一农药型种衣剂

包衣剂中加入某些杀虫剂、杀菌剂、除草剂作为种衣添加剂，包衣只溶胀而不被水溶解流失，可保证种子正常吸水发芽和药剂缓慢释放，防止某些土壤、种子传播病害或杂草侵袭。种子出苗后，药剂继续起作用，以达到杀虫、杀菌效果。有效期在 45～60 天。这是最常用的、使用最多的一种种衣剂。

2. 复合型种衣剂

种衣剂中添加多种活性成分，主要有农药、微肥和植物生长调节剂、微生物、抗生素等。可防止土传病菌的侵染和土壤中害虫的危害。随着种子的发芽，包衣剂中活性组分从根部缓慢释放，可被植物内吸传导到未施药的地上部，从而继续发挥促进植物生长和防治病虫害的作用。

3. 生物型种衣剂

在种衣剂中应用生物防治剂，根据生物菌类之间拮抗原理，添加拮抗有害病菌繁殖、侵害的有益菌类，可达到防病的目的，避免化学农药引起的环境污染及对非靶标生物、一些有益生物产生不利影响，以维持生态平衡。例如，我国研制的根瘤菌种衣剂和 ZSB 生物种衣剂，美国曾用木霉菌、肠杆菌配成黏质药剂进行棉花、玉米种子的处理，应用于大田生产。此外，也有用动植物提取物，无机矿物如生物碱、芳香油、糖苷、角苷脂、皂角苷、单宁、维生素、生长调节剂、微量元素等活性物质配置而成的种衣剂，对人、畜、作物和环境低毒无污染。

4. 特异型种衣剂

特异型种衣剂是指用于特定或特殊目的的种子处理技术，如抗冷种衣剂、抗旱种衣剂、抗酸种衣剂、抗盐碱种衣剂等，还可以防鼠、抑制除草残效等。含有过氧化钙的小球化种子在日本和菲律宾已经商品化应用，它可改善水田或水灌旱田中水稻、小麦、大麦和三叶草的萌发。利用具吸水特性的某些聚合物制成种子包衣剂，具有吸水持水的功能，利于抗旱。用石灰作牧草种子的丸衣用于酸性土壤播种，可控制酸度，增加或保证根瘤菌的活动，保护种子萌发和幼苗生长，使植株早开花，叶多根粗，增加产草量。

第二节 种子引发的作用、原理和方法

种子引发（seed priming）是在控制条件下使种子缓慢吸水为萌发提前进行生理准备的一种播前种子处理技术。引发后的种子可以回干贮藏，也可以直接用于播种。通过引发可提高种子迅速、整齐出苗的能力和幼苗的抗逆性。多年来，科研工作者在种子引发机制、引发方法方面做了大量研究，并将引发技术成功应用于许多作物。

一、种子引发的作用和原理

（一）引发可以有效促进细胞膜的修复

膜结构的完整性是维持种子活力的基础。在种子干燥脱水或贮藏过程中生物膜会受到损伤，表现在膜透性改变、遗传完整性降低等方面，这种变化在萌发突然吸水时尤为明显。这是由于干燥的种子遇到高水势必然会快速吸水，造成膜的损伤，引起其功能的异常，物质外渗量增加，种子活力下降（王彦荣，2004）。引发能有效控制种子的吸水，减少或消除种子内外水势陡变的情况，种子的缓慢吸水使其赢得足够的时间完成其生物膜系统的修复，部分恢复种子干燥前所具有的完善结构与功能，因此具有提高种子活力的作用（王彦荣，2004；方丽和尚增强，2007；杨永清和汪晓峰，2004）

（二）引发处理可以促进贮藏物质的动员和能量转化

1. 引发对贮藏物质动员及代谢的影响

在种子萌发过程中，贮藏物质的代谢对种子活力至关重要。研究发现，与贮藏物质

（碳水化合物、脂质等）代谢有关的酶在引发时表现出活性的升高。其中，与碳水化合物代谢有关的 α-淀粉酶和 β-淀粉酶，与糖代谢有关的醛缩酶、葡萄糖-6-磷酸脱氢酶、磷酸酯酶、酯酶、乙醇脱氢酶、β-甘露糖酶（Smith and Cobb，1991，1992；Mudgett et al.，1997）及与脂质代谢有关的异柠檬酸裂解酶的活性都会提高（Fu et al.，1988；Sung and Chang，1993）。这些酶与促进贮藏物质的代谢、种子的破休眠及种子老化初期的修复等密切相关。引发就是通过激活种子萌发所需的代谢过程，并且在回干后将部分代谢物质固定下来，从而在种子萌发时减少这些代谢所需的时间，加速种子的萌发。

2. 引发对呼吸作用和 ATP 含量的影响

呼吸作用是物质和能量代谢的核心，种子吸水后通过呼吸代谢使原来储存在种子中的营养成分完成转化过程，以构建新的细胞、组织和器官。用 PEG 引发番茄种子发现，ATP、能荷及 ATP/ADP 值都剧烈增加，回干后仍比未处理的种子高，说明引发后的种子的能量代谢远远高于未引发的种子（Corbineau et al.，2000）。由此可见，引发不仅可以促进物质动员，还能增强萌发过程中能量的供应，为种子萌发和幼苗生长提供充足的中间物质和能量，从而提高种子的活力。

3. 引发可以促进转录和翻译，诱导合成保护物质

种子萌发过程中 RNA 的合成会影响种子的活力。研究证明，老化会减少 RNA 的合成（王彦荣等，2001），而引发会促进 RNA 的合成，其作用可能主要通过调节核糖体亚基、转录起始因子和延长因子进行。对棉花种子肌动蛋白基因进行 PCR 分析发现，引发可诱导 RNA 的合成（Shinde，2008）。引发番茄种子发现，其 RNA 含量增加，这主要归结于 rRNA 的合成，而 rRNA 的增加有助于提高核糖体的完整性，从而促进蛋白质的合成。研究发现，引发促进某些与能量产生和化学防御机制有关的基因的表达和 mRNA 的合成，其中有些基因的表达量恰好介于干种子和萌发种子之间，如丝氨酸羧肽酶、细胞色素 b（Soeda，2005；Groot et al.，2004）。Khan 等的研究也发现，引发过程中种子合成 mRNA 的能力增加，从而使蛋白质的合成增加。引发还可以诱导种子中一些与抗逆性相关的基因的表达，如水通道蛋白 BnPIP1（Gao et al.，1999）、泛肽、热激蛋白、LEA 蛋白等，这些蛋白质被证明与种子活力存在密切的联系。Gao 等对油菜种子的研究表明，引发促进了水通道蛋白 BnPIP1 的基因表达，从而加速了胁迫条件下种子的萌发，提高了其发芽率。泛肽具有选择性降解蛋白质，促进 DNA 修复、细胞分化和对胁迫响应的功能；热激蛋白参与蛋白质的合成与成熟加工，催化二硫键的形成，并且有分子伴侣的功能，保护细胞膜和蛋白质；LEA 能阻止大分子的积聚，保护细胞结构完整性，提高其吸胀修复能力（刘军等，2001）。引发后这些蛋白质的变化可以有效增强种子的抗胁迫能力，提高种子活力（Isabelle et al.，2000；Job et al.，2010；Karine et al.，2001）。

4. 引发可以促进细胞分裂

引发会促进 DNA 的合成。经引发的番茄、韭菜种子的 DNA 含量明显高于未引发的种子，表明引发促进了 DNA 的复制，为萌发时的细胞分裂做好了前期的生理准备。

在玉米种子和小麦种子引发中也观察到了相似的现象（Sung and Chang，1993；Dell et al.，1990）。值得注意的是，引发会增加质体 DNA 和线粒体 DNA 的含量，因此经引发的种子其线粒体含量显著增高（Ashraf and Bray，1995；Portis and Lanteri，1999）。有报道称老化能引起 DNA 的损伤，并促进其积累，引发则有修复 DNA 的作用，并且对 DNA 的修复发生在复制前（Thornton et al. 1993），但其机制还有待于进一步研究。通常认为，细胞分裂主要发生在胚根突破种皮以后，因此推测引发对细胞分裂的影响不大（Gurusinghe et al.，1999）。但是，有些研究发现引发对提前细胞周期有一定的作用。在经渗透引发的番茄种子中发现，4C 核 DNA 增加，DNA 合成增强，促进了细胞周期从 G_1 期进入到 G_2 期（Ozbingol et al.，1999）。Powell 等（2000）发现，引发会引起β-微管蛋白的特异积累，此蛋白质也与细胞周期有关。引发会促进细胞进入并且停滞在 G_2 期，因而可以促进细胞周期的同步性和发芽的均一性（Anuradha et al.，2010）。

二、种子引发的方法

（一）液体引发（liquid priming）

液体引发是以溶质为引发剂，种子置于溶液湿润的滤纸上或浸于溶液中，通过控制溶液的水势调节种子吸水量。

（二）滚筒引发（drum priming）

滚筒引发是英国 Wellesbourne 国际园艺研究中心根据引发基本原理发明的一种种子引发技术，它将种子放在一个铝质的滚筒内，滚筒一侧为可拆装的有机玻璃圆盘，滚筒上水平轴转动，种子在滚筒周线上以 1～2cm/s 速度转动，同时将水按可控比例加入腔室，种子仅在接触腔室内壁下部时充分吸收水分，通过控制一定时间的吸水，使种子达到萌发含水量水平时停止水分供应，完成引发。滚筒引发控制精确，规模化程度高。

（三）固体基质引发（solid matrix priming）

固体基质引发体系中 3 个基本组分为种子、固体基质颗粒和水。目前常用的固体基质有片状蛭石、珍珠岩（顾桂兰等，2009）、多孔生黏土、软烟煤、聚丙酸钠胶、合成硅酸钙等（Pill，1995）。

（四）生物引发（bio-priming）

Callan 等（1990）提出的种子处理新技术是将种子生物处理与播前控制吸水方法相结合，引发期间采用有益真菌或细菌（如荧光假单细菌 *Pseudomonas fluorescens* AB254 或金色假单胞菌 *Pseudomonas aureofaciens*）作为种子保护剂，让其大量繁殖布满种子表面，使幼苗免遭有害菌的侵袭。

（五）膜引发（membrane priming）

此方法是将种子与一种半渗透性膜（该膜具有内、外两个表面）的外表面接触，聚乙二醇（PEG）溶液直接与膜的内表面接触，种子通过半渗透性膜从 PEG 溶液中吸取水分。在吸取水分的过程中，种子和半渗透性膜不断或周期性地相互滚动，使水分均匀转移，并充分覆盖种子的整个表面，从而完成种子的引发过程。这种处理方法既可对大量的种子引发，又可对少量的种子（如名贵的花卉种子）进行引发，且优于基质引发，引发后不需要进行种子分离。这种引发方法已应用于茴香、牛至属植物、鼠尾草、番茄、青花菜、辣椒、欧芹、韭、樱草属植物、天竺葵、旱芹、紫罗兰等，其最大优点是适用于表面有黏液的种子的引发，如紫罗兰和鼠尾草的种子。

（六）水引发（water priming）

水引发是在控制给水条件下使种子定量吸水，达到促进萌发但不引起吸胀伤害（imbibition damage）的浸种技术。据 Fujikura 等研究表明，用水引发花椰菜种子效果比PEG 引发好，尤其在低温（10℃）下发芽效果更好。但 Warren 等认为，就劣变种子修复而言，水引发效果不及 PEG，因水引发可能会引起种子吸湿不均和引发期间微生物在种子表面生长等。分析以往研究结果，若有效控制给水条件，水引发效果至少不比 PEG差。另外，水引发具有经济、易行的优点。

三、烟草种子的引发

烟草种子是烟叶生产的基础，烟草种子质量的高低直接关系到烟叶的正常生产。20世纪 90 年代以前，烟草种子引发技术的研究和应用还鲜为人知，仅仅停留在实验室开展的初步尝试性研究工作。90 年代中后期，伴随我国烟草产业的迅速发展，烟草种植面积逐年增加，烟草种子技术的研究发展较快，烟草种子的引发（催芽）技术开始应用于烟叶生产（潘立辉，1995；陈廷俊，1997）。90 年代末，烟草种子的引发技术进一步发展，该时期，虽有研究人员从事烟草种子的引发技术研究，但方法较常规，一般采用单纯的水引发技术，在种子生产中的应用和成效不明显。进入 21 世纪后，烟草种子研究人员在引发物的筛选与应用方面开展广泛研究（孙渭等，2002；杨春雷等，2009a，2009b；马文广等，2009；刘一灵等，2013；梁文旭等，2012），我国烟草种子引发技术进一步提升和成熟，开始在种子生产中规模化推广应用。

国外烟草种子企业的种子引发主要采用滚筒引发和液体引发。我国烟草种子引发主要采用液体引发，使用的引发剂有赤霉素、聚乙二醇、6-苄氨基腺嘌呤（6-BA）、壳聚糖、硝普钠（SNP）、水杨酸（SA）、硝酸钾（KNO_3）、氯化钠（NaCl）等，采用单个药剂或复配药剂进行引发处理，目前烟草包衣丸化种子生产上普遍采用多胺、赤霉素和聚乙二醇。

第三节　种子包衣的作用、原理和方法

烟草种子很小（千粒重仅 0.06～0.10g），在生产上存在播种量大，出苗率低，苗期水肥管理难度大，间苗费工，烟苗素质差，且种子出的苗抗逆性弱，易遭受病虫特别是地下害虫的危害等问题，通过对烟草种子进行包衣来解决上述问题已成为世界烟草的共识。为此，烟草种子丸粒化包衣技术研究正被世界烟草界广泛采用，并已成为世界烟草种子加工技术的发展方向。

一、种子包衣的原理和方法

（一）种子包膜

种子包膜（seed film coating）是指使用包膜剂，将微肥、杀虫剂、杀菌剂、染料等非种子物质包裹在种子外面，产生一层薄膜，包膜加工后，能基本保持原来种子形状、大小和质量的变化范围，因种衣剂不同而不同，这样的方法主要运用于大粒和中粒种子，如棉花、水稻、玉米、小麦等作物种子。

小型实验室用的包膜设备主要由以下三部分组成，一是通风装置，用于干燥包膜种子，防止种子吸湿；二是标准丸化盘，是种子与包膜剂混合场所；三是高压喷枪，在高压条件下使包膜剂涂于种子表面。大规模包膜则采用通风滚筒包衣机械，该装置能连续使用各种多聚物系统及组分，并提供干燥。

（二）种子丸化

种子丸化（seed pelleting）是在种子包衣技术基础上发展起来的一项适应精细播种需要的农业高新技术，是指使用黏着剂，将杀虫剂、杀菌剂、填充剂、染料等非种子物质黏着在种子外面，将小小的裸种加工成表面光滑、大小均匀、颗粒增大的丸（粒）化种子，这样的方法主要运用于微粒植物种子。

二、种子包衣的作用

种子包衣主要有四个方面的作用。

1. 能有效防控作物苗期病虫害，确保苗全、苗齐、苗壮

包衣的种子能保证种子正常吸水发芽和生长，药肥缓释、持效期长，农作物种子包衣后，具有防效性广的特点，对多种病虫害具有明显的防控效果，能确保苗全、苗齐、苗壮，整齐度好。

2. 能促进幼苗生长，提高作物产量

种衣剂含有微量元素及其他助剂等，填补了植株生长发育所需要的营养元素，能促进幼苗生长发育，凡用种衣剂处理过的种子，出苗快，长势强壮，分蘖多，植株高，苗色绿，百株鲜重高，为作物后期生长打下良好基础。种子包衣能起到保护幼苗生长的作用，促进作物生长，保证农作物增产增收。

3. 节省农药，减少环境污染

种子包衣后可使用田间苗期施用农药方式，由开放式喷施改为隐蔽式喷施，一般播种 40～50 天内不需要喷施其他防治药剂，推迟了喷施农药的时间，减少了喷施次数，省工，省力，避免了喷施农药造成的空气污染，保护了害虫的天敌，调节了生防和化防的矛盾。

4. 提高种子质量，降低生产成本

种子包衣技术的推广，促进了种子标准化的发展，种子经过精选加工，质量提高，实现了精量化、机械化播种，大幅度减少了用种量和用工量，降低了生产成本。

三、烟草种子的包衣

烟草裸种属于微粒种子，每克种子多达 12 000～13 000 粒，早期育苗采用裸种，种子使用数量很大，但出苗率较低，苗床期水肥管理十分困难，间苗费时且不易操作，培育的烟苗素质差，且抗逆性弱，病虫害危害严重。目前，世界烟草普遍采用包衣丸化种来解决上述问题。

（一）烟草种子包衣丸化技术的发展

美国的 Thornton 和 Ganulee 在 1926 年最先提出种子丸化问题。英国的捷苗种子公司在 20 世纪 30 年代首先成功研制出禾谷类作物种衣剂，从 1941 年开始美国种子科技人员将包衣丸化技术应用于小粒蔬菜和花卉种子上。60 年代，欧洲的种植者为了便于控制株行距、播种深度，要求实现种子单粒化、高质量，这样促使种衣剂成为一种商品。同时，美国、巴西、日本等国也开始对烟草种子包衣技术进行研究并得到迅猛发展，并研究开发出系列种衣剂，将烟草包衣种子按质量或粒数进行包装后销售，应用于生产。

我国在烟草种子包衣丸化技术方面的研究起步较晚，始于 20 世纪 80 年代中后期。第一阶段，江苏省烟草公司、南京烟草科学研究所等单位联合在美国烟草包衣丸化种子分层丸化技术的基础上，使用滑石粉、凹凸棒土作为主要原料，加以植物生长调节剂和杀虫剂，研发出第一代包衣丸化种子（肥药复合型的烟草包衣丸粒化种子）。第二阶段，玉溪中烟种子有限责任公司在包衣辅料配比、包衣丸化设备改进、包衣辅料和染料替代等方面开展研究，对烟草包衣丸化工艺流程进行了改进，研制了烟草新型（增氧型、抗旱型、生物型、催芽型、多重抗逆型）包衣丸化种子等一系列产品，烟草包衣丸化种子的外观质量已达到世界领先水平。其他省（自治区、市）烟草公司也相继开发出新型的包衣丸化种子并在烟叶生产中应用。

（二）烟草种子包衣的目的和意义

1. 推进烟草种子质量标准化

随着国内外烟草包衣丸化加工技术水平的提高，烟草种子的质量得以大幅提高，种子质量标准不断更新。早期烟草行业主要执行 YC/T 141—1998《烟草包衣丸化种子》标准，2005 年后，中国烟叶公司、玉溪中烟种子有限责任公司和云南省烟草科学研究所根据我国现有的包衣丸化加工水平，结合烟草漂浮育苗的技术特点，对以往执行标准中的不足之处进行了修订，形成我国现用的国家标准 GB/T 25240—2010《烟草包衣丸化种子》；为进一步适应现代烟草农业的发展需要，云南省烟草农业科学研究院、玉溪中烟种子有限责任公司、湖北省烟草科学研究所和中国烟草中南试验站联合制定了 YC/T 368—2010《烟草种子 催芽包衣丸化种子生产技术规程》。"十三五"期间，国家烟草专卖局对现行种子标准进行了整合修订，将形成一系列更加完善的种子标准体系来指导全国的

烟草种子加工生产。

2. 节约用种

过去用裸种育苗，一般每亩需 1～5g 种子。包衣丸化种子质量好，发芽率高，抗逆能力强，采用包衣丸化种子育苗（1 亩 1 袋包衣种子，每袋 2000 粒），每亩大田用种 0.15～0.20g，大幅度减少用种量，在全国烟叶生产上实现精准播种。

3. 提高烟草种子质量

烟草种子经包衣丸化后，种子的发芽能力和抗逆性明显提高。

4. 节约农药和肥料，减少对环境的污染

包衣剂中含有杀菌剂、杀虫剂、速效水溶性肥料和生长调节剂，苗期病害相对减少，可减少打药、追肥次数，且烟苗素质好、健壮。

5. 适应现代烟草农业发展需要

我国目前普遍采用漂浮育苗技术，烟草包衣丸化种子能较好适应育苗技术要求。随着现代烟草农业的发展，烟叶生产上已经实现机械化、精量化播种，烟草包衣丸化种子能较好适应现代烟草农业发展需要，从而实现烟叶"减工、降本、提质、增效"目标。

第四节　种　子　包　装

随着科技的进步和市场经济的发展，包装已成为现代市场经营中的一项专门学问，是现代产品经营策略中十分重要的组成部分。目前，商品种子已向商品化、社会化、标准化方向发展，为适应商品种子流通的需要，种子进行包装是十分必要的。

一、种子包装的意义和要求

（一）烟草种子包装的意义

现代商品社会中，包装对商品流通起着重要作用，包装的设计、质量直接影响商品竞争力及消费者权益。种子作为一种特殊商品，进行包装还可防止非法经营单位冒名顶替、掺杂使假等现象发生。

在发达国家，种子作为商品已有近百年的历史。英国、法国、德国、荷兰、美国、日本等国家先后建立了现代的种子管理体制，到 20 世纪中叶，发达国家的种子业具有产业化程度高、科技含量高、商品意识强及品牌效益高等显著特点（王君，2013）。种子包装在我国起步较晚，经历了一个从无到有、从简到繁的过程。20 世纪 80 年代以前，我国的种子产品几乎没有外包装，材料工艺落后；80 年代中期，时任春光种子董事长的张连福先生带头改进种子包装，在全国率先采用滤波材料来包装，树立了崭新的种子市场企业形象及产品形象；80 年代末，我国的种子包装进入了一个快速发展时期（孟宪君，2011）。目前，市场上大多数种子产品都有丰富多彩的外包装，新包装获得了广大消费者的欢迎，由此翻开了中国种子包装变革新的一页。

随着种子包装技术的普及推广，国家对种子包装的相关要求作出了明文规定。《中华人民共和国种子法》（以下简称《种子法》）规定：有性繁殖作物的籽粒、果实包括颖果、荚果、蒴果、核果等农作物种子应当进行加工、包装后销售，可有效提高其商品化、标准化、社会化水平，并增强优良品种在市场上的竞争力（潘俊华等，2011）。

烟草种子是烟叶生产的源头和基础，做好烟草种子工作是提高烟叶质量的基础保证。随着工农业技术的发展，我国的烟草种子工作由 20 世纪 50 年代"多、乱、杂"的自由式种子管理模式逐步迈入统一化管理的良性发展时期，期间，一系列规章制度的制定和运行保证了烟草种子生产有条不紊、科学规范进行。随着烟草种子生产的发展，烟草种子包装的发展改良成为烟草种子质量改善、管理规范的标志和保证。早期的烟草种子包装不规范、无代表性，通过十几年的探索发展，逐步形成了今天的规范化生产包装，包装水平商业化、标准化，包装袋外观美观大方、可操作性强、便于批量生产。烟草种子包装行业标准对烟草种子包装规格的规范化有着明确的规定，同时明确了烟草种子包装的各项技术要求。

烟草种子包装（tobacco seed package）是指将烟草种子盛装于某种容器或包装物之内，以便于种子贮藏、运输、销售和计量而产生的一种处理方式。烟草种子经过精选、干燥处理及包衣加工后，为保证种子质量，防止种子混杂、病虫害感染、吸湿回潮，减缓种子劣变，保持种子活力，方便贮藏、运输供应、精确计量，需要根据种子生产计划和顾客要求，采用不同的包装材料及包装规格进行包装。

（二）烟草种子包装的要求

在烟草种子包装过程中，为使包装种子质量优良、外观良好，除了必须严格抓好田间生产各个环节，确保种子纯度、提高种子质量外，还必须注意以下几点。

1. 种子必须经过精选

烟草种子若不精选含杂质多，影响种子的外在和内在质量，种子中夹杂的瘪粒、泥沙、杂草种子等杂质，常会携带和传播真菌，因此必须通过精选将种子中的杂质彻底清除掉，以保证种子净度符合质量标准要求。

2. 严格控制种子含水量

烟草种子含水量的高低对种子的安全贮藏影响很大，种子含水量过高，在包装袋中呼吸作用强，内部有机物质消耗严重，易引起种子发热霉变，生活力下降，种子质量降低，严重时会丧失种子的使用价值。根据烟草种子质量标准，烟草优质种子的含水量标准为 7%～8%，因此烟草种子包装时种子的含水量应严格控制在 7%以内，凡是高于标准含水量的种子严禁包装。

3. 药剂包衣处理

经过精选后的种子需进行药剂消毒处理，保证种子包装后不霉变、不虫蛀。烟草裸种包装前、催芽包衣丸化种子催芽前均需要进行药剂处理，常用消毒试剂为 10g/L 硫酸铜溶液，消毒时间 20～25min。

4. 以销售计划为种子加工包装的依据

进行种子加工包装时需准确预测市场需求量，做到按需求进行包装，减少因盲目包装引起的种子积压，避免造成不必要的经济损失。

5. 包装计量准确无误

种子包装时在计量上力求准确无误，应按标准进行种子的计量包装，不能损害用户的利益。

6. 明确烟草种子包装类型及包装规格，选择合适的包装材料

根据不同品种和包装种子的数量、类别（原种、良种或包衣种子）及包装类型，选择不同的包装材料和包装规格。烟草种子的包装类型包括贮藏包装和销售包装两种，根据种子类型及贮藏、销售的不同要求，种子包装材料及规格有所不同，所选用的包装容器必须防湿、清洁、无毒、耐用、不易破裂、质量轻。

7. 注明种子标签，严防种子错乱，确保种子质量的真实性

种子标签是固定在种子包装物表面及内部的特定图案及文字说明。我国的《中华人民共和国产品质量法》《中华人民共和国标准化法》等法律法规均对产品标识作出了原则规定。为严防种子错乱，保证种子质量的真实性，种子包装物表面及内部要同时粘贴（或牢系）和放入内容、规格完全相同的标签，标签标注的内容包括品种名称、种子类别（原种或良种）、质量指标、质量、产地、生产日期、经营单位全称、检疫证明编号等事项，并标以合格印章。标签标注的内容要与包装的种子相符。随着信息科技的快速发展，条形码和二维码等技术已广泛应用于种子的包装。

8. 牢固封口，谨防破漏

严防包装不牢固，导致破包漏种，造成损失，并给运输、贮藏和销售带来不便。贮藏包装封口，布袋用线绳扎牢。销售包装无毒 PVC 薄膜包装袋采用电热器热合封口，马口铁罐采用铁罐封口机封口，纸板箱采用胶带、打包带封口。

二、包装材料的种类和特性、选择

（一）包装材料的种类和特性

种子包装过程中，需要根据种子的特性、贮藏、销售等要求进行包装材料的选择。种子包装袋材料繁多，常见有棉袋、麻袋、布袋、纸袋、针织袋、聚乙烯袋、铝箔复合袋、铁皮罐、钢皮罐、铝盒、聚乙烯铝箔复合袋等。

不同的包装材料有不同的特性及适用范围，如棉袋、麻袋、布袋坚固耐磨，常用于大量种子的贮藏和运输包装；纸袋、针织袋透气性好，可用于包装要求通气性好的种子（如豆类），或保存期限短的批发种子；聚乙烯袋、铝箔复合袋、铁皮罐等常用于零售种子的包装；钢皮罐、铝盒、聚乙烯铝箔复合袋等包装材料材质坚固，常用于价高或量少的种子进行长期保存，或进行品种资源的保存。

（二）烟草种子包装袋的选择

烟草种子有裸种、包衣丸化种子两个类别，其包装类型包括贮藏包装和销售包装两种，不同的烟草种子类型及包装类型对烟草种子包装材料的选择和包装规格均有不同要求。

1. 裸种包装袋的选择

根据贮藏要求，烟草裸种贮藏一般选用棉布袋进行包装，包装规格以 4~8kg/袋为宜，以绳线扎牢封口。

少数情况下，烟草裸种需进行销售包装，其包装规格依据顾客和市场需求而定，质量从克级到千克级不等，所选用的包装袋仍为棉布袋。

2. 包衣丸化种子包装袋的选择

烟草包衣种子的销售包装，根据市场需求分为袋装和罐装两类。随着科技的发展及包装工艺的改进，烟草包衣丸化种子包装的规格也在不断进行调整。袋装可选用无毒PVC薄膜包装袋，包装规格根据实际需要确定，一般每袋种量可满足 1 亩的大田生产，包装采用电热器热合封口；罐装选用马口铁罐，包装规格一般有大罐和小罐之分，种子数量可根据产区需要确定，该包装采用铁罐封口机封口。完成袋装或罐装包装的包衣丸化种子最后使用纸板箱集成包装，袋装 500 袋/箱，罐装 11 罐（大罐）/箱或 22 罐（小罐）/箱，包装箱采用胶带、打包带封口。

三、烟草种子包装

（一）种子标签和使用说明

根据《种子法》第四十一条规定，销售的种子应当符合国家或者行业标准，附有标签和使用说明。标签和使用说明标注的内容应当与销售的种子相符。种子生产经营者对标注内容的真实性和种子质量负责。

标签

标签是指印制、粘贴、固定或者附着在种子包装物表面的特定图案及文字说明。标签主要有 3 种形式：直接将标注内容印制在种子包装物表面，将标注内容印制成印刷品悬挂在种子包装物封口或者粘贴在种子包装物表面，将标注内容印制成印刷品放置在种子包装物内部。

标签应当标注种子类别、品种名称、品种审定或者登记编号、品种适宜种植区域及季节、生产经营者及注册地、质量指标、检疫证明编号、种子生产经营许可证编号和信息代码，以及国务院农业、林业主管部门规定的其他事项。销售授权品种种子的，应当标注品种权号。销售进口种子的，应当附有进口审批文号和中文标签。销售转基因植物品种种子的，必须用明显的文字标注，并应当提示使用时的安全控制措施。种子生产经营者应当遵守有关法律、法规的规定，诚实守信，向种子使用者提供种子生产者信息、种子的主要性状、主要栽培措施、适应性等使用条件的说明、风险提示与有关咨询服务，不得做虚假或者引人误解的宣传。

种子标签的内容必须明确真实。其一，标签内容要规范详细，如标注种子生产企业名称、详细地址、种子类别、品种名称、使用说明、质量标准等；其二，标签内容真实有效，标注的内容与销售的种子一致，种子经营者应对标注内容的真实性负责。《种子法》第四十九条还规定，种子种类、品种与标签标注的内容不符或者没有标签的为假种子；质量低于标签标注指标的为劣种子。

烟草种子标签可用于识别烟草种子类型、质量标准、包装数量、品种特性、使用方法等，是反映烟草种子质量的重要描述。随着烟草种子商品化程度的加大和烟农对种子质量要求的提高，烟草种子包装及其标签已经成为烟草种子使用者了解、选购烟草种子的依据。目前国内进行烟草种子生产销售的企业中，以玉溪中烟种子有限责任公司市场占有份额最大，其他省份及地州也拥有具备地方特色的烟草种子生产企业。不同的烟草种子生产企业拥有不同的种子包装和设计，包装标签的内容尽管不完全相同，但都以国家、行业的标准和要求为设计基础，图6-1所示为部分国内烟草种子袋装外观及标签，图6-2所示为玉溪中烟种子有限责任公司生产的罐装烟草种子外观及标签。

MSK326（中烟种子公司）

MS 中烟 101（山东）

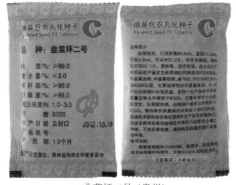

韭菜坪二号（贵州）

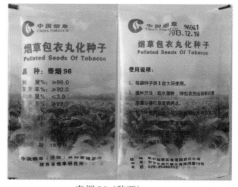

秦烟 96（陕西）

图 6-1　部分烟草种子袋装外观及标签

（二）烟草种子包装及工艺

1. 烟草裸种包装工艺

烟草裸种的包装包括贮藏包装和销售包装，其工艺流程较为简单，常规操作流程为：取种（精选后达到入库标准的种子）—按贮藏包装规格或市场需求量精确计量称重—使

图 6-2　玉溪中烟种子有限责任公司生产的罐装烟草种子外观及标签

用对应规格的棉布袋进行包装—棉布袋内装入标签—使用绳线扎紧袋口—棉布袋外挂上标签。

2. 烟草包衣种子包装工艺

烟草包衣种子的包装为销售包装，其常规操作流程为：取种（包衣后符合标准的种子）—选择合适的包装材料及包装方式—按计数或计量的包装规格进行包装—包装袋（或包装罐）进行封口—使用纸板箱进行集袋或集罐装箱。

上述工艺流程中，所选用的包装袋（或包装罐）需提前准备好，保证其设计合理，标签内容科学规范，外观设计大方美观，材质结实耐用，便于运输。现阶段，一些发达国家和我国部分地区烟草种子包装已基本实现自动化或半自动化机械包装。

四、烟草包装种子的保存

烟草种子自身具备吸水性强、通气性差、易腐败等特性，包装处理能提高烟草种子防湿、防虫、防病等能力，但外界环境条件仍然会对包装后的烟草种子产生影响，为避免由外界条件变化而引起的种子劣变，需要对包装好的烟草种子进行科学合理的保存。

经包装后的烟草种子应置入种子贮藏库进行存放。裸种经包装后，分品种悬挂于裸种贮藏库里的种子架上，不可接触地面，以保证达到防潮、防虫、防鼠的目的；裸种贮藏库需常年避光，温度控制为 20℃，相对湿度控制为 40%。包衣丸化种子经包装后放置于包衣丸化种子成品贮藏库，包装箱高度不能超过 7 层，防止因堆放层数太高而造成包衣丸化种子压碎、包装箱坍塌的情况发生；包衣丸化种子成品贮藏库需常年避光，温度控制为

20℃，相对湿度控制为40%；包衣丸化种子成品贮藏库也需进行防虫、防鼠处理。

第五节　包衣丸化种子加工工艺

烟草种子包衣丸粒技术是以烟草种子为载体，种衣剂为原料，包衣设备为依托，丸粒化为手段，将裸种包衣丸化成丸粒化种子，集生物、化工、机械多学科研究成果为一体的综合性种子加工技术，是烟草种子加工的一项高新技术。我国在烟草种子包衣丸粒技术方面的研究起步较晚，通过种子科技工作者多年的努力，在包衣加工设备、包衣辅料等方面开展了大量研究，包衣丸化种子加工工艺不断完善，并实现了种子加工的机械化、自动化和标准化。

一、烟草种子加工设备

烟草种子包衣丸化是提高种子质量和科技含量的一项技术。我国烟叶生产上漂浮育苗普遍采用包衣丸化种子，根据烟草包衣丸化种子生产加工不同环节对设备的需求，一方面引进国外先进的设备及技术直接使用；另一方面改进国外设备和自主研发，获得符合我国包衣丸化种子生产加工实际需要的设备与配套技术，主要有以下几种。

（一）种子消毒和过滤设备

在烟草种子包衣丸化加工前，为提高包衣丸化种子的健康度，通常对种子进行必要的清洗和消毒，清除种子表面携带的尘土、病原物、病残体等，以减少苗期病害，达到防病保苗效果；另外，种子引发后需要对种子进行清洗和过滤，以清除种子表面的药剂残留，为提高清洗和消毒的效率和效果，种子企业的科研工作者研发出种子清洗和消毒过滤装置，并在生产上使用（图6-3，图6-4）。

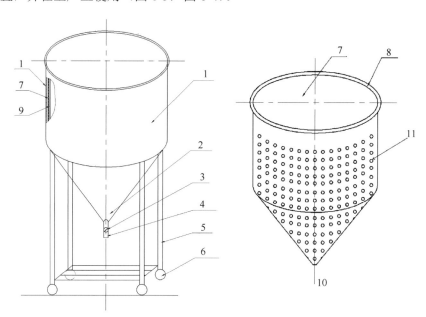

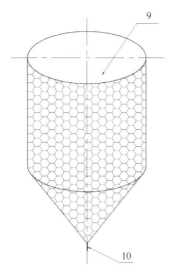

图 6-3 种子清洗和消毒过滤装置结构示意图

1. 锥形体外壳；2. 圆锥角；3. 阀门；4. 出水口；5. 支架；6. 脚轮；7. 锥形过滤斗；8. 凸缘；
9. 锥形过滤网；10. 引水线；11. 过滤孔

图 6-4 种子清洗和消毒过滤装置结构实物图

（二）引发或催芽设备

引发或催芽可以提高种子活力和抗逆性。2005 年由云南省烟草农业科学研究院、上海宝兴生物设备工程有限公司和玉溪中烟种子有限责任公司联合开发的第一代催芽系统投入使用（图 6-5），该系统可以控制温度、光照、通氧量，实现催芽包衣种子的规模化生产，大幅度提高了包衣丸化种子质量。催芽包衣丸化种子需求量逐年增加，同时随着现代烟草农业的发展，对催芽包衣丸化种子质量提出了更高的要求，第一代催芽系统已无法满足烟叶生产的实际需要，云南省烟草农业科学研究院、上海保兴生物设备工程有限公司和玉溪中烟种子有限责任公司对第一代催芽系统进行改进，于 2012 年研究开发出第二代催芽系统（图 6-6），实现种子引发的规模化、操作智能化、精确化和可视化，进一步提高了催芽种子质量和技术含量，提高了工作效率。

图 6-5　第一代催芽系统

图 6-6　第二代催芽系统

（三）包衣丸化设备

主要包括包衣辅料混配机、包衣机、种子筛选机（图 6-7～图 6-9）。包衣辅料混配机用于均匀混合包衣辅料；包衣机用于种子的丸化造粒、上色；种子筛选机用于筛选符合粒径的包衣丸化种子。

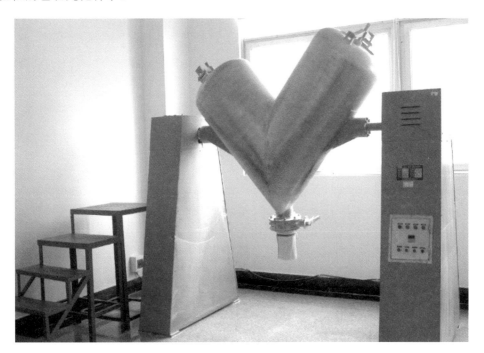

图 6-7　包衣辅料混配机

图 6-8　包衣机

图 6-9　种子筛选机

（四）干燥设备

烟草种子引发或包衣后要经过回干处理，即对种子进行干燥。干燥设备前期主要使用可以进行人工调控或自动调控的烘箱，后期发展为多功能干燥设备（图 6-10，图 6-11）。

图 6-10　多功能干燥设备　　　　　图 6-11　种子烤架

（五）包装设备

我国烟草包衣丸化种子成品包装主要有袋装和罐装两种规格。2013 年前各省（自治区、市）烟草企业主要使用单台式包装机生产袋装包衣丸化种子（图 6-12），生产进度慢，效率不高，平均每分钟可以包装种子 40～50 袋（即 40～50 亩的大田用种）。2013 年玉溪中烟种子有限责任公司的袋装包装流水线研发成功并投入使用，大幅度提高了包装效率（图 6-13）。这也是目前我国第一套按流水线作业的烟草种子包装设备系统，平均每分钟

图 6-12　种子包装机

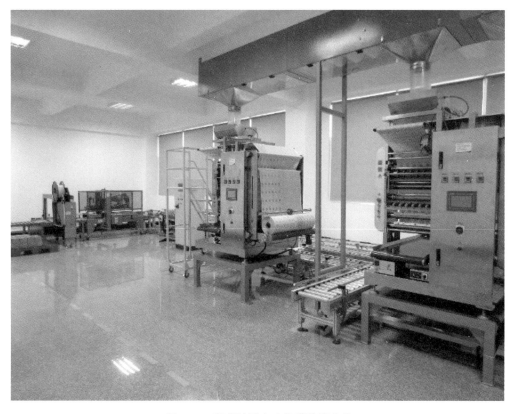

图 6-13　烟草种子自动化袋装流水线

可以包装种子 600～700 袋，每天按 7h 计，日均可以生产包衣种子 20 万袋以上，满足 20 万亩的大田生产。如果使用单台式包装机则日均可包装包衣丸化种子 2 万袋，生产能力仅为自动化包装流水设备的 1/10。

为了适应和满足全国烟叶生产集约化、商品化、工厂化育苗需要，我国的烟草包衣丸化种子是从 2009 年开始采用罐装方式包装。目前，烟叶生产使用的罐装规格有：40 000 粒/罐（可满足 20 亩大田生产种植）、100 000 粒/罐（可种植 50 亩）、200 000 粒/罐（可种植 100 亩）。最开始是通过人工进行罐装，2010 年使用罐装机进行罐装，2014 年玉溪中烟种子有限责任公司的自动化罐装流水线研制成功，使得工作质量和效率大幅提升（图 6-14）。

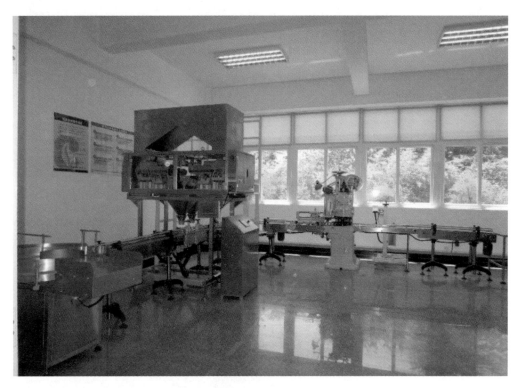

图 6-14 烟草种子自动化罐装流水线

（六）包衣丸化种子质量检测设备

包衣丸化种子的质量依据 GB/T 25240—2010《烟草包衣丸化种子》进行检测，目前使用的检测设备主要有光照培养箱（或培养室）、颗粒强度测定仪、水分测定仪、数粒仪、自动考种仪、置种仪等。

二、烟草包衣丸化种子加工工艺流程

烟草包衣丸化种子加工工艺流程主要由种子准备、种子漂洗、种子消毒、催芽或引发、回干、造粒、一次丸化、二次丸化、筛选、抛光、上色、干燥、质量检验、包装等一系列工艺过程组成。

（一）种子准备

根据加工包衣丸化种子数量确定用种量，从原种库或良种库中取出烟草裸种，裸种质量应符合烟草种子质量相关标准要求，即发芽率≥90%。

（二）种子漂选

为进一步提高种子质量，采用清水或溶液浸泡裸种 3h，取沉于下部的裸种。

（三）种子消毒

烟草种子在生产、贮藏过程中，很容易受到周围细菌、真菌、病毒等病原物体的传染而携带病菌，从而影响种子的质量和幼苗的生长。目前，烟草种子消毒常采用硫酸铜溶液（20min 左右）。

（四）催芽或引发

我国烟草种子催芽或引发主要采用液体引发，使用的引发剂有多胺、赤霉素、PEG、6-BA、壳聚糖、SNP、SA、KNO_3、NaCl 等，一般采取单个药剂或复配药剂进行引发处理。目前烟草种子催芽或引发普遍采用赤霉素和聚乙二醇，催芽或引发时应注意根据不同品种控制种液比、引发浓度、引发温度、引发时间、光照和引发液溶氧量等参数和指标。

（五）回干

催芽或引发后的烟草裸种含水量较高，为保证种子安全贮藏，需进行回干处理，回干时应控制种子平摊厚度、回干温度（≤35℃）、回干时间，以保证种子质量。

（六）造粒

将回干后的裸种倒入包衣机，喷雾黏合剂湿润种子表面，加入种衣剂，不断搅拌使之包裹于种子表面，形成微小丸粒状，丸粒直径 1.0～1.1mm。

（七）丸化

加入种衣剂，喷雾黏合剂，不断搅拌，使丸化种子粒径达到一定的规格，丸粒直径1.6～1.8mm。

（八）筛选

包衣丸化过程中，用筛选设备筛选丸化种子，统一丸化种子粒径（1.7mm 左右）。

（九）抛光

包衣机中加入种衣剂，与达到粒径要求的丸化种子均匀搅拌，使其表面光滑圆润。

（十）上色

使用固体或液体色料，均匀染色包衣丸化种子。不同品种的种子可匹配不同色料染色。

（十一）干燥

上色后的包衣丸化种子在种子干燥架上摊薄，风干至含水量≤3%，即得催芽包衣丸化种子成品。

（十二）质量检验

干燥后的包衣丸化种子，应及时取样，按 GB/T 25240—2010《烟草包衣丸化种子》规定进行检验。

（十三）包装

检验合格的包衣丸化种子，通过袋装、罐装包装机或流水线，按照包衣丸化种子数量要求袋装或罐装，然后进行装箱，并抽样检查种子数量，以确保无误。

三、烟草功能型包衣丸化种子生产

我国大部分烟区在育苗期间温度较低，时常遭遇低温冷湿天气，导致育苗池的水温过低，严重时甚至出现池水结冰的现象，造成常规烟草包衣丸化种子发芽率低，出苗缓慢、不整齐，幼苗长势弱，甚至不出苗，严重影响了烟苗的正常生长发育。在漂浮育苗过程中，饱含水分的育苗基质透气性差，烟草包衣丸化种子长期浸泡在水中，容易对种子的萌发和幼苗生长造成低氧胁迫，影响了育苗质量。针对育苗过程中遇到的低温、低氧、干旱等胁迫问题，通过多年的不懈探索和研究，我国已成功研发出多类型的烟草功能型包衣丸化种子，包括耐低温型、耐干旱型、增氧型、耐冷湿型和多重抗逆型烟草包衣丸化种子，并实现规模化生产和推广应用，大幅度提高了种子活力、外观质量和其对低温、低氧、干旱等环境胁迫的综合耐抗性，种子质量优于国际先进烟草种子企业（美国金叶种子公司、巴西布菲金种子公司等）生产的同类产品（表 6-1，图 6-15）。烟草功能型包衣丸化种子的种衣剂制备工艺及技术参数详见表 6-2。

表 6-1　中国烟草多重抗逆型包衣丸化种子与国外烟草包衣丸化种子质量对比

生产企业	室内发芽势/%	室内发芽率/%	田间出苗率/%	单籽率/%	有籽率/%	裂解率/%	裂解速度/s	粒径/mm	均匀度/%
中国玉溪中烟种子公司	97.1a	97.3a	96.0a	100	100	100	10～15	1.70±0.06	98.0a
巴西布菲金种子公司	94.8b	95.9ab	93.2b	100	100	96	120～180	1.67±0.15	86.3c
美国金叶种子公司	95.6ab	96.7a	94.0ab	100	100	99	20～30	1.66±0.12	92.0b
美国 CC 种子公司	87.5c	94.5b	83.2c	100	100	95	20～112	1.61±0.16	82.6c

注：数据后小写字母表示同列处理间差异 5%水平显著（LSD 测验）

四、包衣丸化种子贮藏

检验合格的包衣丸化种子成品入成品库进行贮藏，贮藏期间严格控制温度和空气湿度，确保种子安全贮藏。贮藏库中应配置空调、除湿机，贮藏库温度控制在 20℃以下，湿度控制在 40%以下，专人负责定期检查，发现问题及时处理。

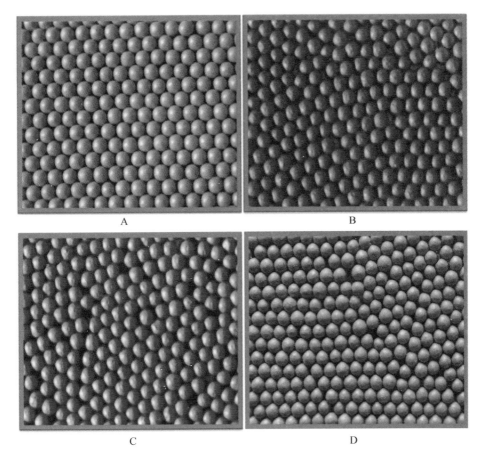

图 6-15　中国烟草多重抗逆型包衣丸化种子与国外烟草包衣丸化种子外观质量对比

A.中国玉溪中烟种子公司的烟草多重抗逆型包衣丸化种子；B.巴西布菲金种子公司的烟草包衣丸化种子；
C.美国金叶种子公司的烟草包衣丸化种子；D.美国 CC 种子公司的烟草包衣丸化种子

表 6-2　烟草功能型种衣剂制备工艺及技术参数

种衣剂类型	引发	种衣剂和黏合剂
抗低温型	50mg/L 赤霉素溶液	成核采用 120mg/L 水杨酸作为黏合剂，一次丸化和二次丸化采用 1 份 120mg/L 水杨酸分别加入到 7 份和 1 份黏合剂中
抗干旱型	80mg/L 或 120mg/L 水杨酸、50mg/L 赤霉素溶液	采用含 2.5%高吸水树脂、0.5%水杨酸（水杨酸装载在高吸水树脂内部）种衣剂
增氧型	50mg/L 赤霉素溶液	二次丸化采用含 15%过氧化钙的种衣剂
抗冷湿型	50mg/L 赤霉素溶液、8.8mg/L 腐胺溶液	成核采用常规黏合剂
多重抗逆型	0.6mmol/L 钙离子、0.3mmol/L 赤霉素、60mmol/L 脯氨酸、0.5mmol/L 水杨酸、0.06mmol/L 硝普钠、5.0mmol/L 海藻糖溶液	成核采用 120mg/L 水杨酸溶液作为黏合剂；一次丸化采用含 2.5%高吸水树脂、0.5%水杨酸（水杨酸装载在高吸水树脂内部）种衣剂，采用常规黏合剂；二次丸化采用含 15%过氧化钙的种衣剂，采用常规黏合剂

第七章 烟草种子质量控制

种子质量是种子生产与加工的核心，质量的好坏决定着种子在农业生产中的价值。因此，做好烟草种子质量控制工作是种子生产与加工的核心关键环节，也是实现烟叶生产使用优质种子的根本保证。本章将从种子标准化、种子质量分级、种子质量检验和种子质量追踪管理等方面进行阐述。

第一节 种子质量和标准

种子质量是种子综合特性的总称。根据不同特性划分，种子质量包括四个方面：一是物理质量，采用净度、水分、重量等指标衡量；二是生理质量，采用发芽率、活力和生活力等指标衡量；三是遗传质量，采用品种真实性、品种纯度、特征特性检测等指标衡量；四是卫生质量，采用种子健康指标来衡量。种子质量可以通过检验标准进行判定。

一、种子标准化

（一）种子标准化的内涵及意义

标准化是人类由自然人进入社会共同生活实践的必然产物，它随着生产的发展、科技的进步和生活质量的提高而发生、发展，受生产力发展的制约，同时又为生产力的进一步发展创造条件。

种子标准化（seed standardization）是通过总结种子生产实践和科学研究的成果，对农作物优良品种和种子的特征、生产加工、质量检验、包装、运输、贮藏等方面作出科学、合理、明确的技术规定，制定出一系列先进、可行的技术标准，并在生产、使用、管理过程中贯彻执行。种子标准化是农业标准化的基础，对农业的可持续发展具有重要意义。种子标准化主要包括品种标准，原（良）种繁殖标准，种子质量标准，种子检验规程，种子加工、包装、贮藏、运输标准等。

（二）国际种子标准化

种子标准化是农业标准化的重要组成部分，与种子标准有关的国际组织、区域性组织有：国际种子检验协会（ISTA）、经济合作与发展组织（OECD）、国际植物新品种保护联盟（UPOV）、国际种子联盟（ISF）。ISTA 的宗旨是制定、修订、出版种子检验规程，推广世界认可的标准化检验条例，以保障种子在国际贸易市场流通。OECD 制定种子认证的规则和程序，为国际贸易生产和加工的种子授权提供种子认证标签和证书，协调国际种子标准，促进参与方持续使用高质量的种子。UPOV 的宗旨是协调各成员之间在植物保护方面的政策、法律和其实施步骤，保障育种者在国际上的合法权益，协调育种者的利益分配，促进农业快速发展，协调各成员对植物新品种进行测定和描述，统一检测方法，制定了《植物新品种特异性、一致性和稳定性检测方法指南》。ISF 制定的国际规则包括两个方面：一是用于播种目的的种子贸易的规则和惯例，主要是对国际贸易中的种子买卖合同进行标准化；二是用于播种和知识产权管理目的的种子贸易的争议解决程序规则，主要是规范种子贸易仲裁程序。

（三）中国农作物种子标准化

我国的种子标准化起始于种子检验工作，1955 年农业部组织起草了《农作物种子检验方法和分级标准》；1957 年对《农作物种子检验实施办法和主要农作物种子分级标准》（草稿）进行了修改，第一次明确了种子质量分级的 4 项技术指标（纯度、净度、发芽率和含水量）；1964 年农业部又重新拟定了《农作物种子检验试行办法和农作物种子分级试行标准》；1975 年农业部正式颁布了《主要农作物种子分级标准》和《主要农作物种子检验技术规程》。伴随种子"四化一供"工作方针的提出，种子标准化工作受到国家的高度重视，1981 年农业部正式成立了全国农作物种子标准化技术委员会，积极推动了我国农作物种子标准体系的完善；为了使标准化工作适应社会主义现代化建设和发展对外经济关系，1988 年通过了《中华人民共和国标准化法》，1990 年发布了《中华人民共和国标准化法实施条例》；20 世纪 90 年代起，我国的种子标准化工作渐趋成熟，为了应对进入世界贸易组织（World Trade Organization，WTO），在法律法规的制定上直接吸收了发达国家技术法规的有益成分，先后颁布了与种子相关的普通和专业法律法规；同时对原有大部分种子标准进行了重新修订，内容广泛，涉及种子生产、加工、包装、质量检验与分级等。

目前，我国种子标准分为国家标准、行业标准、地方标准和企业标准 4 级。国家标准是国家颁布的有关种子生产、经营的各类农作物种子的繁育规程、田间检验规程、种子检验规程和有关种子质量标准；行业标准是国家行业主管部门（农业主管部门）根据需要颁布的农作物种子的繁育规程、田间检验规程、种子检验规程和有关种子质量标准；地方标准是地方各级政府为了加强种子质量管理，促进种子产业发展而颁布的有关种子标准；企业标准是企业根据自己生产经营的种子类型而制定的企业标准，当企业标准的内容和国家、行业、地方标准相同时，其参数要求必须高于国家、行业和地方标准。

据统计，我国现有种子方面的标准主要包括五个方面：良种标准、种子生产技术规程、种子质量分级标准、种子检验规程、种子加工包装与贮藏标准。

（四）烟草种子标准化

随着烟草种子技术的发展，烟草种子标准化取得了发展。目前，烟草种子标准主要包括：烟草优良品种标准，烟草种子繁殖生产技术规程，烟草包衣种子生产技术规程，烟草种子质量分级标准，烟草种子检验规程和烟草种子包装、贮藏、运输标准等。

1. 烟草优良品种标准

烟草优良品种标准是对某个品种的植物学特征、农艺性状、亲本来源、栽培调制技术要点及适应种植范围等作出明确叙述和技术规定，为引种、选种、品种鉴定、纯度鉴定、种子生产、品种合理布局及田间管理提供依据。

目前，烤烟在新品种审查、授权上按照烟草行业标准《植物新品种特异性、一致性和稳定性测试指南 烤烟》（YC/T 369—2010）执行，评价烤烟新品种特异性、一致性和稳定性。关于具体的优良品种标准，各省制定了系列优良品种的标准，如云南省烟草农业科学研究院制定的云烟85、云烟87和云烟97品种的云南省地方标准[《烤烟品种 云烟85》（DB53/T 580—2014）、《烤烟品种 云烟87》（DB53/T 581—2014）、《烤烟品种 云烟97》（DB53/T 582—2014）]。关于烟草种质资源和品种命名，分别按照《烟草种质资源描述和数据规范》（YC/T 344—2010）和《烟草品种命名原则》（DB53/T 583—2014）执行。

2. 烟草种子繁殖生产技术规程

烟草种子繁殖生产技术规程是克服烟草优良品种混杂退化，提高烟草种子质量的有效措施。1983年以前，烟草良种生产采用的是循环选择法，即原种繁殖良种，良种质量下降时再将良种作为选择材料提纯复壮生产原种，再由原种生产良种，如此循环往复，各地都可生产原种和良种，种子质量不高，混杂退化现象普遍。1984年中国烟草总公司成立后，提出了烟草种子管理以省（区、市）为单位统一供种，全国烟草品种审定委员会组织烟草品种的审定、繁育、推广等工作，并在我国首次制定建立了良种繁育程序。1996年颁布了烟草行业标准《烟草原种、良种生产技术规程》（YC/T 43—1996），对烟草原种和良种生产技术进行了规范。随着雄性不育系种子和杂交种种子的大面积推广应用，种子生产技术不断革新，为规范烟草种子生产，保证烟草种子质量，烟草种子生产的标准也在不断修订中。目前，现行的烟草种子生产标准有《烟草种子繁育技术规程》（GB/T 24308—2009）、《烟草种子 雄性不育系种子生产技术规程》（YC/T 367—2010）、《烟草种子 介质花粉制备及应用技术规程》（YC/T 458—2013），主要规定了生产基地选择、种植方式选择、田间管理、去杂去劣、花粉采集保存、田间授粉、蒴果采收、种子脱粒等过程，种子生产的标准方法进一步统一和规范，实现了种子生产过程的有效质量控制。

3. 烟草包衣种子生产技术规程

20世纪90年代起，我国开始推广烟草包衣种子，种子包衣技术研究不断深入开展。2003年以前，全国烟叶生产上使用的烟草种子主要是常规包衣种子，即通过常规包衣丸化工艺将烟草裸种用种衣剂直接丸粒化加工后得到的包衣种子。常规包衣种子未经过种子的催芽引发或其他特殊处理。2004年，烟草种子催芽引发技术取得初步成果，并逐年在烟叶生产中小面积应用。种子前处理——引发（催芽）技术能够缩短种子发芽时间，提高种子对逆境的综合耐抗性和出苗整齐度，培育健壮幼苗，深受烟区好评，烟草催芽包衣种子的推广比例逐年增大。2007年后，烟草种子引发技术已趋成熟，实现了在生产上的有机转化，多种类型的烟草催芽包衣种子开始在全国烟叶生产上普及推广应用。

2010年，国家烟草专卖局发布实施了行业标准《烟草种子 催芽包衣丸化种子生产技术规程》，规范了种子消毒、催芽、引发、造粒、丸化、抛光、上色、干燥等加工技术的参数和过程。该标准的核心技术是多项科研成果的集成和总结，是以赤霉素和聚乙二醇为引发剂，采用通气改善液体引发环境的手段，确定了造粒、丸化、筛选等关键技术的参数，并整合种子消毒、催芽、干燥等方面最新研究成果，在多年的技术验证和大面积推广应用基础上形成的成熟、实用技术体系。

4. 烟草种子质量分级标准

烟草种子质量分级标准是烟草种子标准化最重要和最基本的内容，也是种子管理部门用来衡量和考核烟草种子生产、加工、经营和贮藏保管等工作的标准，为烟草种子标准化工作确立了明确目标。目前，我国执行的烟草种子质量分级标准分为裸种和包衣种子，裸种的质量标准有国家标准《烟草种子》（GB/T 21138—2007）和云南省地方标准《烟草种子分级与质量要求》（DB53/T 351—2010），包衣种子的质量要求在国家标准《烟草包衣丸化种子》（GB/T 25240—2010）中做了详细规定。

5. 烟草种子检验规程

烟草种子检验规程是种子标准化的两个最基本内容之一，只有通过该规程的实施才能判定烟草种子质量是否符合标准的规定。不同的种子检验方法得到的检验结果不同，因此，为了使种子检验获得普遍一致和正确的结果，就要制定一个统一、科学的种子检验规程。目前，烟草种子检验规程有烟草行业标准《烟草种子检验规程》（YC/T 20—1994）和云南省地方标准《烟草种子质量检验规程》（DB53/T 352—2011），两个标准均规定了田间品种纯度鉴定、净度分析、含水量测定和发芽测定的方法，云南省地方标准在烟草行业标准的基础上，增加了种子饱满度测定的方法，为确保烟草种子质量提供了参考依据。

6. 烟草种子包装、贮藏、运输标准

烟草种子收获加工后、播种前存在贮藏、运输等环节，而恰当的包装在保证种子贮藏和运输质量方面显得尤为重要。为了保证烟草种子质量，保障烟农利益，国家烟草专卖局于 1994 年发布实施了烟草行业标准《烟草种子包装》（YC/T 21—1994）和《烟草种子贮藏与运输》（YC/T 22—1994），规范了烟草种子包装类型、材料、规格、标志、封口，贮藏用仓库与设备，贮藏种子质量，种子保管方法，病虫鼠害防治，种子出库和种子运输。

二、种子质量分级

种子标准化的最终目的是使生产能使用优质种子，而种子质量分级标准是衡量种子优劣的依据。

（一）国际农作物种子质量分级

国际组织如经济合作与发展组织（OECD）、北美官方种子认证机构协会（AOSCA）和一些发达国家将种子登记分为 4 级，即育种家种子、基础种子、注册种子和合格种子。但由于育种家种子是种源，不在市场上流通，在质量标准中仅规定基础种子、注册种子和合格种子的质量指标。种子质量指标包括净种子量、杂质量、其他作物种子总量、其他品种量、其他类型量、杂草种子量、有毒（有害）杂草种子量、发芽率和含水量等。这些质量因子指标健全，对各项有害因子的限制性质量指标量化，构成了完善的指标系统，体现了高标准、严要求，加大了种子产品成分在更深层次和细微环节上的透明度，

避免了应用风险,充分发挥了品种的增产潜力,为现代农业发展提供了可靠保障。同时,保证了优质种子的品牌效益,有利于提高种子产品乃至企业的竞争力。

（二）我国农作物种子质量分级

我国的农作物种子质量标准涉及禾谷类、豆类、纤维类、油料类、蔬菜类共 34 种作物种子,种子等级分为原种和大田用种(良种)两个级别,玉米和高粱的杂交种则分为原种、一级大田用种和二级大田用种。种子质量指标包括纯度、净度、发芽率和含水量四个方面。对那些含量小但危害和影响较大的指标项目,如杂质量、其他作物种子总量、其他品种量、其他类型量、杂草种子量、有毒(有害)杂草种子量等,在《农作物种子检验规程》中均有规定。

（三）烟草种子质量分级

国外烟草种子一般采用 4 级种子生产程序,即育种家种子、基础种子、登记种子和认证种子。同其他农作物一样,国外的烟草种子质量标准均规定了基础种子、登记种子和认证种子的质量指标,包括纯度、净度、非本品种烟草种子量、其他作物种子量、其他种类种子量、发芽率。我国现行的国家标准《烟草种子》(GB/T 21138—2007)中规定烟草种子的分级为:原原种(育种家种子)、原种、良种(常规可育种子、不育系种子、杂交种种子)。但随着烟草种子科技的快速提升,烟草种子产业化的全面推进,上述标准规定的部分内容已显过时,应进行重新梳理和修订。例如,GB/T 21138—2007中二级良种的规定和表述就不适宜当前烟叶生产和种子产业化的需要,应删除该条款。

裸种的国家标准规定了烟草种子纯度、净度、发芽率、含水量、色泽和饱满度(表 7-1);云南省地方标准增加了发芽势指标,同时提高了发芽势和发芽率标准,增加了可量化的饱满度指标(表 7-2);国家标准《烟草包衣丸化种子》规定了发芽势、发芽率、含水量、单籽率、有籽率、裂解率、包衣种子粒径、单粒抗压强度和均匀度的质量要求及质量检测方法(表 7-3)。

表 7-1　国家标准规定的烟草裸种质量指标

项目	级别	纯度/%	净度/%	发芽率/%	含水量/%	色泽	饱满度
常规种	原种	≥99.9					
	良种	≥99.0					
杂交亲本	原种	≥99.9	≥99.0	≥90.0	≤7.0	深褐色、油亮、色泽一致	饱满、均匀
杂交种	一级良种	≥98.0					
	二级良种	≥96.0					

注:"项目、级别"的表述内容已不实用,现已纳入修订计划,仅供读者参考

表 7-2　云南省地方标准规定的烟草裸种质量指标

类别		纯度/%	净度/%	发芽势/%	发芽率/%	含水量/%	饱满度/%
原种		≥99.9					
良种	常规种	≥99.0	≥99.0	≥93.0	≥95.0	≤6.0	≥95.0
	杂交种	≥98.0					
	雄性不育系	≥98.0					

表 7-3 我国烟草包衣种子质量指标

指标	要求
发芽势/%	≥90.0
发芽率/%	≥92.0
含水量/%	≤3.0
单籽率/%	≥98.0
有籽率/%	≥99.0
裂解率/%	≥99.0
包衣种子粒径/mm	1.6～1.8
单粒抗压强度/N	1.0～3.0
均匀度/%	≥95.0

第二节 烟草种子质量检验

种子检验（seed test）是采用科学的技术和方法，按照特定的标准，运用先进的仪器和设备，对种子样品的质量指标进行分析测定，判断其品质的优劣，评定其实用价值的一种专业技术工作。进行质量检验是保证种子质量的重要手段，是防止假劣种子上市和出现种子事故的根本性措施。烟草种子很小，在烟叶生产上使用的主要是包衣种子。作为烟草种子生产加工的核心关键环节，种子质量检验包括裸种检验和包衣种子检验。

一、种子质量检验构成

种子质量检验由扦样、检测和结果报告三部分构成。

（一）烟草种子扦样方法

扦样（sampling）又称取样或抽样，是从大量的种子中随机取得一个质量适当、有代表性的供检样品。扦样是种子检验的重要环节，扦取的样品有无代表性决定着种子检验结果是否有效，样品应由从种子批不同部位扦取的若干次小部分种子合并而成。

1. 扦样频率和样品数量的确定

种子批的均匀度影响样品的代表性，而其均匀度受种子批的大小影响，不同类型的种子，种子批大小不同。ISTA 种子检验规程规定烟草种子（裸种）批的最大包装为 10kg，送验样品的最小质量为 5g，净度分析样品的最小质量为 0.5g，其他植物种子计数样品的最小质量为 5g。在扦样频率上，烟草种子属于小包装种子，以 100kg 质量的种子作为扦样的基本单位，按照表 7-4 规定确定扦样频率。烟草包衣种子一般在包装前取样，按照散装种子的扦样频率进行扦样（《农作物种子检验规程总则》）（表 7-5）。

2. 烟草裸种扦样方法

烟草裸种属于微粒种子，一般选择单管扦样器扦样，将种子袋平放，扦样器前端朝上，与水平约呈 30°，孔口向下，插入种子袋，然后将扦样器旋转 180°，使孔口朝上，减速抽出，倾斜扦样器，将种子从扦样器末端倒入容器中。每袋种子取上部、中部和下

表 7-4　袋装种子的最低扦样频率

种子批的袋数	扦样的最低袋数
1～5	每袋都扦取，至少扦取 5 个初次样品
6～14	不少于 5 袋
15～30	每 3 袋至少扦取 1 袋
31～49	不少于 10 袋
50～400	每 5 袋至少扦取 1 袋
401～560	不少于 80 袋
561 以上	每 7 袋至少扦取 1 袋

表 7-5　散装种子的扦样点数

种子批大小/kg	扦样点数
20 以下	不少于 3 点
21～1 500	不少于 5 点
1 501～3 000	每 300kg 至少扦取 1 点
3 001～5 000	不少于 10 点
5 001～20 000	每 500kg 至少扦取 1 点
20 001～28 000	不少于 40 点
28 001～40 000	每 700kg 至少扦取 1 点

部 3 个点，在容器中混合均匀，装入种子检验样品袋，作为检验样品。样品袋上应标明种子批号、品种名称、产地、年份、是否催芽（催芽裸种在品种名称前加"P"，P 为"引发"的英文 Priming 的第一个字母）。

3. 烟草包衣种子扦样方法

烟草包衣种子用扦样勺沿直径方向取 3 个点的种子，每个点取 1 勺，将同一批号包衣种子放入容器内混合均匀，采用离心分样器将样品进行多次分样，直到样品大约为 50g，将样品装入种子检验样品袋（图 7-1）。样品袋上应标明品种名称、包衣批号、生产时间、是否催芽（催芽种子在品种名称前加"P"）。

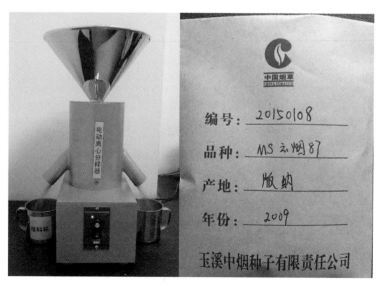

图 7-1　采用电动离心分样器对包衣种子进行分样

（二）烟草种子检测

1. 种子检验项目

早期的烟草种子质量检验比较简单，仅包括净度检验、有害杂草种子检验和发芽试验三个方面。随着种子检验技术研究和种子包衣加工技术的不断发展，为了更加客观地评价种子质量，烟草种子检验项目逐渐增加。按照种子类型，烟草裸种检验项目包括种子纯度、种子净度、含水量、千粒重、发芽势、发芽率、饱满度等；烟草包衣种子检验项目包括含水量、发芽势、发芽率、单籽率、有籽率、裂解率、粒径、均匀度、单粒抗压强度等。

2. 种子检验技术及设备

国际种子检验协会（ISTA）自成立以来，一直致力于推动种子检验技术的发展，修订了国际种子检验规程，收录了大量种子质量检测方法和种子活力检验新技术。

（1）种子纯度检验

种子纯度是种子分级的主要依据之一，包括种性纯度和品种纯度两个方面。烟草的种性纯度测定一般比较简单，不同品种间的差异往往较小，而烟草品种纯度的鉴定则比较复杂。烟草品种纯度可以通过田间检验、室内检验及田间小区鉴定三个方面进行控制。云南省地方标准《烟草种子分级与质量要求》（DB53/T 351—2011）规定，原种品种纯度≥99.9%，常规种良种种子品种纯度≥99.0%，杂交种和雄性不育系良种种子品种纯度≥98.0%。

1）田间检验是在烟草种子生产过程中对父、母本烟株进行分析（常规可育品种则只需对繁种烟株进行分析），符合标准的种子田烟株才予以收获种子，这是控制品种真实性和纯度的最基本、最有效环节。国家标准《烟草种子繁育技术规程》（GB/T 24308—2009）中规定在团棵期、现蕾期、花始开期按照品种典型性状进行鉴定，去杂去劣，及时拔除杂、劣、病株，变异株大于5%的种子田不能留种。

2）室内检验通常是指实验室鉴定，属于后控检验。国际种子检验规程及我国农作物种子检验规程中，实验室测定包括种子形态鉴定、生化鉴定、DNA 分子标记鉴定，还有近红外光谱分析鉴定等。

形态鉴定是根据种子粒色、粒型、粒质、顶部凹陷和饱满状况、胚的形状与大小、籽粒表面圆滑程度等特征进行鉴定。已有研究人员提出采用电镜、激光共聚焦显微镜观察不同烟草品种种子的表面结构，将其作为品种鉴定的依据，但是由于目前烤烟品种的遗传基础狭窄，品种间种子形态差异很小，仅从种子形态上区分众多品种几乎不可能（张大鸣和陈学平，1994；卢秀萍等，2000）。

生化鉴定是 20 世纪 80 年代发展起来的种子纯度鉴定技术，包括蛋白质电泳、高效液相色谱等方法。国际种子检验规程中规定了鉴定小麦和大麦品种醇溶蛋白的聚丙烯酰胺凝胶电泳的标准参照方法、鉴定豌豆属和黑麦草属的 SDS-聚丙烯酰胺凝胶电泳的标准参照方法、测定杂交玉米和种子纯度的超薄层等点聚焦电泳的标准参照方法。在烟草种子纯度鉴定上，王蕴波等（1993）发现烤烟、晾晒烟、白肋烟、香料烟、黄花烟 5 种不同类型烟草间的过氧化物同工酶数目差异很大，可以采用聚丙烯酰胺凝胶电泳鉴别。陈学平等（1998）、景建州和孙渭（1998）也提出烟草种子酯酶同工酶可以作为鉴别烟草种子纯度的指标。梁明山等（2000）认为烟草种子可溶性蛋白的 SDS-PAGE 和 IEF-PAGE 图谱可以作为烟草品种鉴定的蛋白质指纹图谱。但酶易失活，其提取和电泳所需的条件严格，且通过有限种类酶谱分析难于鉴定细小差异，另外由于烤烟品种间遗传基础狭窄，利用同工酶和可溶性蛋白进行烤烟品种鉴定并不适用。

  DNA 分子标记鉴定是以生物体的遗传物质，即 DNA 分子的多态性为基础的遗传标记。由于 DNA 分子标记能够散布整个基因组，并能对多个至几十个基因位点同时进行标记，因此理论上能够区分种子在基因型上存在的任何微小差异。目前用于作物品种纯度鉴定的分子标记主要有限制性片段长度多态性（RFLP）、随机扩增多态性 DNA（RAPD）、扩增片段长度多态性（AFLP）、简单系列重复（SSR）、插入简单系列重复（ISSR）等。在烟草品种纯度鉴定应用上，何川生和张汉尧（2000）、梁明山等（2000）认为 RAPD 标记可以作为鉴定烤烟品种和纯度的分析方法；杨本超等（2005）利用 2 个多态性好的 ISSR 标记将 24 份代表性烤烟种质资源区分开，每个品种都有各自独特的指纹图谱。DNA 分子标记鉴定技术具有快速、准确、简便、经济等优点，但是需要构建各品种的 DNA 指纹图谱，特别是在烤烟品种遗传距离比较小的情况下，如何筛选出各品种的特异性条带仍需要烟草种子检验工作者的不懈努力。

  近红外光谱分析技术（near infrared reflectance spectroscopy，NIRS）是利用物质在近红外光谱区特定的吸收特性快速检测样品中某一种或多种化学成分含量的方法（图 7-2）。该技术在农业上的应用主要是测定农作物蛋白质、淀粉、脂类、酶、维生素、灰分等（Yang and Shunk，2000；Dowell，2000）。近年来，在品种纯度鉴定上，何勇等（2006）通过近红外光谱分析技术建立了苹果的近红外指纹图谱，再结合适当的数据分析，有效地对苹果的品种纯度进行了鉴定；李晓丽等（2008）应用可见/近红外光谱与化学计量学相结合的技术鉴别了 50 个水稻样品，正确率达 96%；近红外光谱技术在其他植物如紫苏、红景天、玉米等的品种纯度鉴定上也有成功应用（程存归，2003；王思宏等，2004；邬文锦等，2010；黄艳艳等，2011a，2011b）。但在烟草品种纯度鉴定上的应用还未见报道。

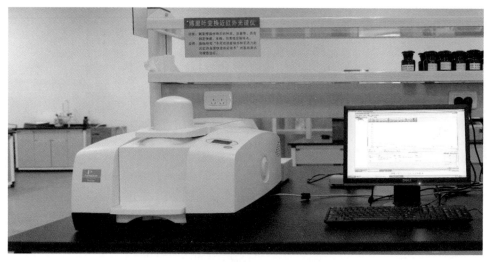

图 7-2 傅里叶变换近红外光谱仪

3）田间小区鉴定也属于种子纯度后控检验，在室内尚未发现准确可靠的品种纯度鉴定方法时，田间小区鉴定仍是目前唯一公认的种子纯度检测方法。根据 OECD 规定的品种纯度标准为 $X\%=(N-1)\times100\%/N$，小区种植鉴定的种植株数为 $4N$ 即可获得满意结果。按照《烟草种子质量检验规程》（DB53/T 352—2011）规定，田间品种纯度检验每个样品设 4 个重复，原种每个重复不少于 1000 株，常规种良种每个重复不少于 100 株，雄性不育系和杂交种良种每个重复不少于 200 株。为避免失败，重复可布置在不同田块或同一田块不同位置。烟草开花期是品种生物学性状表现最充分的时期，也是调查的关键时期，调查时间选在全区 50%中心花开放时。采取对角线取样法或棋盘式取样法，调查项目为烟株的植物学性状和农艺性状，包括株型、腋芽、主茎色、叶柄、叶片大小与厚度、叶形、叶色、叶面平整度、田间整齐度、中心花开放期、花色、雄蕊发育情况、可育性、株高、叶数、茎围、节距、叶长、叶宽、叶面积、茎叶夹角等。标记不符合本品种典型性状或具有显著变异的烟株，统计具有标准品种典型性状的植株占总株数的百分比。由于烟草某些性状受气候和管理水平影响较大，在性状调查后，以代码为分析单元计算变异率，整个测试小区的变异率小于 5%时，即可判定测试品种具有一致性。同一品种调查烟株的同一性状上表现为相同代码，表示无差异；有一个质量性状或两个或两个以上数量性状有差异，则判定该烟株有特异性。

$$种子纯度 = \frac{调查总株数-异株数}{调查总株数}\times100\%$$

（2）烟草种子净度检验

烟草种子净度（seed purity）也称种子清洁度，指烟草种子中净种子、杂质和其他植物种子组分的比例和特性。净种子是指被检测样品所指明的种属于所分析的烟草种子，即使是未成熟的、瘦小的、皱缩的、带病的或发过芽的种子单位。其他植物种子是指除净种子以外的任何植物种类的种子单位（包括其他植物种子和杂草种子）。杂质是指除净种子和其他植物种子以外的所有种子单位、其他物质及构造。

种子净度分析可借助放大镜和光照设备，对试验样品逐粒观察，取出所有其他植物的种子或某些指定种的种子，并数出每个种的种子数。

每年新生产的烟草裸种入库前需进行净度分析。试样称重（精度到 0.0001g）后，将样品倒入种子套筛（上层孔径 0.60mm，下层孔径 0.30mm），盖好盖。双手按住盖旋转摇动，使比种子大的杂质充分分散在上层筛面上，比种子小的杂质漏到底盘上，烟草净种子留在下层晒面上。筛面上捡出的和底盘上的物质合并为杂质。设 4 个重复。按照下列公式计算种子净度。云南省地方标准《烟草种子分级与质量指标》（DB53/T 351—2011）规定，种子净度≥99.0%。

$$种子净度 = \frac{净种子质量}{检验种子质量}\times100\%$$

（3）烟草种子含水量检验

烟草种子中的水分含量也称种子含水量，是指种子中含有的水分质量占种子样品质量的百分比。烟草种子含水量也是种子关键质量指标之一，具有安全含水量的种子在贮藏和运输过程中不容易因温度和病虫侵害等因素发生劣变，能保持良好的生活力。因此，在种子收获和贮藏过程中检测种子含水量有着极其重要的作用。国家标准《烟草种子》

中规定烟草裸种的含水量≤7.0%，国家标准《烟草包衣丸化种子》（GB/T 25240—2010）中规定烟草包衣种子的含水量≤3.0%。

种子中的水分包括自由水和束缚水，自由水不被种子中的胶体吸附或者吸附力很小容易分离，自然条件下容易蒸发；束缚水被种子中的亲水胶体紧密结合，不能在细胞间隙自由流动，只有在高温下水分才能全部蒸发。种子含水量的增减主要是自由水的变化，因此在含水量测定过程中，应尽可能预防自由水的蒸发，即含水量的测定要有及时性。根据种子类型，种子含水量测定的标准方法有烘箱法和甲苯蒸馏法，甲苯蒸馏法主要用于测定大粒油脂类种子的含水量，烟草种子含水量的测定主要是基于烘箱法。根据含水量测定的原理，目前烟草种子含水量快速测定主要采用电子仪器测定法（图7-3）。

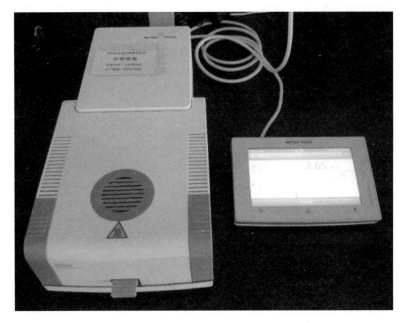

图 7-3　电子水分测定仪快速检测种子含水量

（4）种子千粒重检验

种子千粒重是指具种子质量标准规定水分的 1000 粒种子的质量，是评价裸种质量、品种特性的指标之一。同一烟草品种，千粒重重的种子饱满、充实，含营养物质较多，播种后出苗整齐，幼苗生长健壮。不同类型的烟草，千粒重不同，李佛琳等（2000）比较了 8 个不同类型的烟草种子千粒重，认为千粒重由大到小依次为：黄花烟、原始种、香料烟、烤烟、晾晒烟、马里兰烟、白肋烟、心叶烟。大部分烤烟的种子千粒重为 70～90mg，但也有部分烤烟品种如云烟 99，千粒重在 100mg 左右。

传统的烟草种子千粒重测定方法主要是人工数 1000 粒种子后称重，随着计算机成像技术的发展，玉溪中烟种子有限责任公司联合杭州万深检测科技有限公司开发出烟草种子自动考种分析仪（图 7-4），它能够测定整个检验样品而不仅仅是 1000 粒，结果更准确。由于种子千粒重受含水量的影响，而且种子含水量受外界环境的影响，为了便于比较，必须将实测的种子千粒重换算成相同含水量时的千粒重。换算时按照云南省地方标准《烟草种子分级与质量要求》规定的含水量来折算。换算公式如下：

$$种子千粒重(g)=实测千粒重×\frac{1-实测含水量}{1-规定含水量}$$

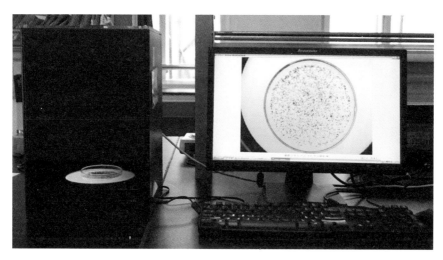

图 7-4 自动考种分析仪测定烟草裸种千粒重

（5）烟草包衣种子粒径、均匀度检验

随机取一定量的烟草包衣种子放入托盘中，使用考种仪自动分析受检包衣种子粒数、粒径、千粒重和均匀度（图 7-5）。

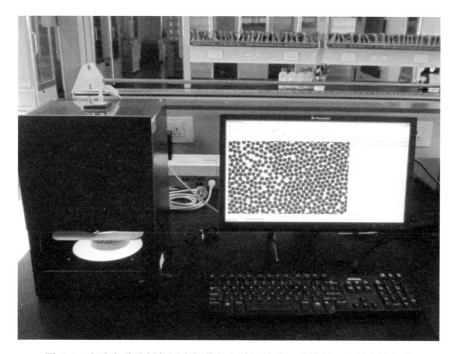

图 7-5 自动考种分析仪测定烟草包衣种子粒数、千粒重、粒径和均匀度

（6）烟草包衣种子单粒抗压强度检验

取烟草包衣种子 30 粒，用颗粒强度测定仪逐个测定包衣种子被压碎时的最大压力，

以 N 为单位，精确到 0.1N（图 7-6）。

$$单粒抗压强度(N)=\frac{30粒包衣种子所能承受的最大压力之和}{30}\times100\%$$

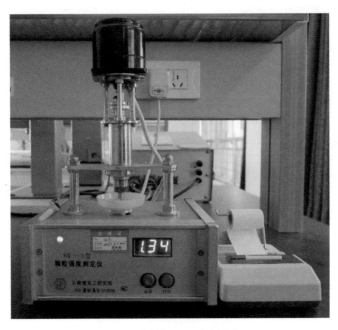

图 7-6　单粒抗压强度测定仪

（7）烟草包衣种子裂解率、有籽率、单籽率检验

随机取 100 粒烟草包衣种子均匀地置于培养皿内湿润滤纸上，3min 后观察裂解情况，单籽裂解显示为包衣种子开裂。用细尖玻棒扒开包衣粉料，观察每粒包衣种子内烟草裸种的粒数（图 7-7）。有裸种的计入有籽率，只有单粒裸种的计入单籽率。

$$裂解率=\frac{3min内包衣种子裂解数}{100}\times100\%$$

$$有籽率=\frac{有籽粒数}{100}\times100\%$$

$$单籽率=\frac{单籽粒数}{100}\times100\%$$

（8）烟草种子活力检验

种子活力表示种子强壮程度，包括迅速、整齐萌发的发芽潜力及生长潜势和生长潜力。具体定义是指种子在广泛大田条件下能迅速、整齐地发芽，苗壮地生长，并能长成正常幼苗和植株而达到丰产及优质的潜在能力。高活力种子具有生产优越性，其生长而成的幼苗通常是苗壮且性能良好的，当种子的活力下降时，其生理及生化代谢过程均变慢，导致幼苗生长缓慢，甚至成为不正常的畸形幼苗，出苗的整齐度下降。另外，高活力的种子比低活力的种子更耐贮藏。因此，种子活力是种用价值的主要组成部分，是种子质量的关键指标，对种子检验及农业生产都起到深远且重要的影响。

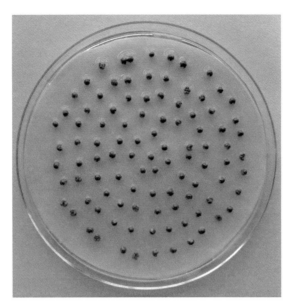

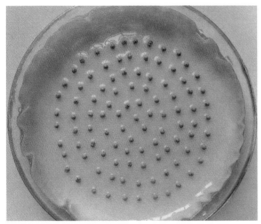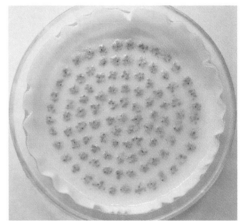

图 7-7　烟草包衣种子裂解率、有籽率、单籽率检测

种子活力的测定方法主要包括幼苗生长特性测定、逆境抗性测定和生化测定（阎富英，2005）。一般作物种子活力的生化测定法主要包括四唑法、ATP 法、电导率测定等。幼苗生长特性测定是根据幼苗生长快慢，幼苗生长健壮与否，苗株的高矮、大小和轻重等生长特性来评定种子活力，通过该方法可以测定由种子萌发的幼苗的鲜重、苗长、根长、干重、发芽势、发芽率、发芽指数、活力指数等指标，是目前比较常用的种子活力测定方法。孙光玲等（2004）采用发芽试验（图 7-8）、幼苗长度测量和电导率测定 3 种方法测定了相同来源的烟草种子，认为发芽试验是最可靠的方法，试验精确度高，且环境条件易于控制。《烟草种子质量检验规程》（YC/T 20—1994）规定烟草种子活力测定采用标准发芽试验法。

随机取 100 粒烟草种子，均匀置于培养皿中，加盖。置于温度（27±1）℃、相对湿度（90±5）%条件下发芽，每天连续全光照 12h。每天记载正常发芽种子数，以胚根长度大于种子长度为发芽标准。按公式计算发芽势、发芽率、发芽指数、平均发芽时间、活力指数（图 7-8）。

$$发芽势(GE) = \frac{7天内发芽种子粒数}{100} \times 100\%$$

$$发芽率(GP) = \frac{14天内发芽种子粒数}{100} \times 100\%$$

$$发芽指数(GI) = \sum\left(\frac{Gt}{Dt}\right)$$

$$平均发芽时间(GT, 天) = \frac{\sum(Gt \times Dt)}{发芽率}$$

$$活力指数(vigor\ index,\ VI) = GI \times S$$

式中，Gt 为在不同时间的发芽种子数；Dt 为相应的发芽日数；S 为幼苗平均高度（cm）或干、鲜重（g）或幼苗根长（cm）或根重（g）。

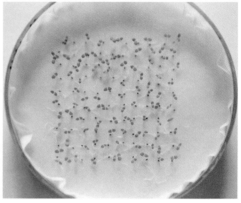

图 7-8　种子发芽试验

测定逆境抗性时模拟田间较差的环境进行种子发芽试验，以期得到符合种子田间真实表现的结果，该方法在玉米、洋葱、大豆、高粱等种子检验上均有应用。烟叶生产上，种子出苗过程经常遭遇低温，因此，可以把低温作为烟草种子逆境抗性测定的条件，结合标准种子发芽试验，共同评价烟草种子活力。

无损检测技术在种子活力检测上得到广泛应用。关于近红外技术在种子活力检测的应用，Soltani 等（2003）利用近红外技术鉴定了山毛榉树单粒种子的活力，准确率达100%；Tigabu 和 Oden（2004）利用该技术区分了老化和未老化的松树种子；韩亮亮等（2008）和阴佳鸿等（2010）也证明了近红外光谱分析技术在燕麦种子活力测定方面的可行性，能够区分出有一定活力差异的种子；朱丽伟等（2011）利用傅里叶变换近红外漫反射光谱法测定了自然状态下单粒苦豆子和决明子种子的光谱，并结合定性偏最小二乘法对这两种种子的生活力进行了鉴别研究，结果表明采用不同样品进行建模时，苦豆子和决明子的鉴别率均在90%以上。

Q2 技术（氧传感技术）是指通过测量种子萌发过程中的氧气消耗情况来检测种子活力的一项新技术，荷兰 ASTEC 全球公司根据荧光猝灭原理，通过光纤传感到计算机，实现对氧气浓度的实时测定，研发出氧传感检测仪。氧传感检测仪在测定种子活力期间，通过计算机可以采集不同时期内每粒种子的耗氧数据，当种子代谢率增加时，种子开始成比例消耗氧气，直至孔内氧气消耗殆尽，从而引起氧曲线开始下滑，待孔内氧气耗光，氧曲线变平，此时是种子活力测定的结束时间。根据测定参数，在氧传感测定结束时仍未见胚根伸出，可见氧传感测定在种子萌发的第一阶段就可以快速准确地提供与种子活力相关的耗氧信息，比常规的发芽检测能更快地预测种子的活力（陈能阜等，2009）。目前关于该技术在种子活力检测上的研究于甜菜、番茄、杉木、水稻和马尾松上已有报道（赵光武等，2011；陈合云，2012），在烟草种子活力检测上也有一定的可行性，用于检测不同品种或者不同工艺的种子活力（图 7-9）。由于氧传感测定结果受种子大小、测定盘孔径尺寸、湿度和温度的影响，需探索适用于检测烟草种子活力的程序和方法。

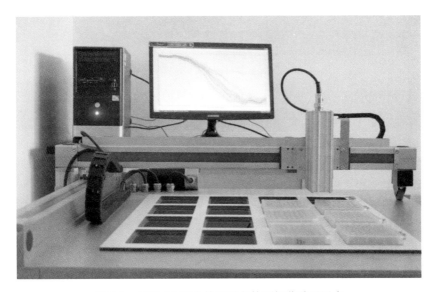

图 7-9　利用 Q2 活力检测设备检测烟草种子活力

激光散斑是指当激光照射在相对粗糙（与光的波长相比）物体表面时形成的随机干涉图样。当粗糙物体表面随时间发生动态变化（如微小位移、粒子随机运动）时，则产生的散斑图也随时间动态变化，称为动态激光散斑。不同活力水平的种子内部物质结构和含量存在差异，种子内部粒子的活跃程度表征了种子活力水平的高低，当激光照射种子时，由于其内部细胞的运动，形成的散斑是动态变化的，散斑动态变化越剧烈，说明种子活力越强。该技术在大豆、玉米种子活力检测上的应用有研究报道（王佩斯和毕昆，2011）。

自然界中，一切高于绝对零度的物体都在不停地辐射红外线，红外热成像技术就是利用物体的辐射性能提取物体表面的温度幅度与分布的微小变化，它能直接观察到人眼在可见光范围内无法观测到的物体外形轮廓或表面热分布，并能在显示屏上以灰度差或伪彩色的形式反映景物各点的温度计温度差，从而把人们的视觉范围从可见光扩展到红外波段。种子萌发过程中产生的代谢热可以描述种子的新陈代谢水平，而新陈代谢水平的高低正是表征种子活力高低的重要指标。因此，种子温度的变化必然与种子的活力有着密切的联系，对种子温度信息的捕捉可以探究种子的活力水平。该技术 2010 年首次应用于不同老化程度豌豆种子的活力检测上（Ilse et al.，2010）。

（9）转基因检测（genetically modified organism，GMO）

随着生物技术产品（转基因品种）的问世，植物转基因品种鉴定问题日益突出，2006年起，ISTA 开始实施种子转基因检测规程。目前转基因检测方法有生物表现型检测方法、酶联免疫（ELISA）检测方法和 DNA 检测方法。

1）生物表型检测是测定转基因种子特定的表现型性状，如耐除草剂或抗虫性等，因此需做发芽试验，培育幼苗，观察幼苗是否具有转基因的特定性状。如果是抗除草剂转基因种子，需将种子播种在经特定除草剂处理的固体发芽床上发芽，观察幼苗伤害情况；如果是抗虫性的转基因种子，则需等其长出较为有效的叶片来喂虫。该方法检验周期长，每个性状需分开测定，且只能检测活种子。

2）ELISA 是一种免疫化学测定，是测定遗传改良作物导入基因所产生的蛋白质，可定性和定量测定由种子样品所提取的转基因蛋白质。ELISA 检测高度专化，样品制备比较简单，检测时间短，但由于 ELISA 不能判别不同转基因种子之间不同的表达形式和类型，每个性状同样需要分开测定。

3）DNA 检测方法是测定导入作物植株基因的特定 DNA 序列是否存在，PCR 技术可对插入两个已知 DNA 序列之间的特定 DNA 序列进行特别和灵敏的扩增。通常导入的基因结构由 3 部分构成：启动子（promoter）、结构基因（structural gene）、终止子（terminator）。CaMV 35S 启动子和土壤农杆菌的 NOS 终止子基因通常用于转基因植物定性检测，若了解插入的特定 DNA 序列，则可更精确地鉴定转基因（GM）作物。随着 PCR 技术的不断发展，实时荧光定量 PCR 技术也在转基因检测中得到应用，该技术不仅实现了对 DNA 模板的定量，而且具有灵敏度和特异性高、能实现多重反应、自动化程度高、无污染、实时和准确等特点。

新生产的烟草原种、良种均需进行转基因检测，检测方法参照国家标准《烟草及烟草制品转基因检测方法》（GB/T 24310—2009），包括定性检测和定量检测。

1）烟草转基因定性检测是利用 PCR 扩增花椰菜花叶病毒 35S 启动子、根癌农杆菌 NOS 终止子和编码卡那霉素抗性基因（NPT Ⅱ），以含转基因烟草 100%、5%、0.5%为阳性对照，确定是否是转基因。

2）烟草转基因定量检测采用 TaqMan 探针法进行，设计 35S 启动子和 NOS 终止子靶序列引物，以 5′FAM & 3′TAMRA 为荧光标记进行扩增，利用 5 种已知含量的标准物（含转基因烟草 5%、2%、1%、0.5%和 0.1%）为模板，建立转基因成分相对含量与 PCR 反应荧光值之间的标准曲线和回归方程，样品的阳性含量则根据样品的荧光值和标准样品所建立的标准曲线与回归方程进行计算。

（三）检测报告

检测报告是将已检测质量特性的测定结果汇总、填报和签发。根据检验对象，烟草种子检测报告分为入库裸种检测报告、库存裸种检测报告、催芽裸种检测报告、包衣种子检测报告。检测报告内容包括标题、报告编号、样品编号、样品批号、检验日期、检验员、检验项目和结果、有关检验方法的说明。报告内容中的文字和数据填报最好采用电脑打印，不能有添加、修改、替换或涂改的迹象，检验报告一式两份，一份给予种子管理部门，另一份与原始记录一起存档。

二、种子质量检验的作用和程序

（一）种子质量检验的作用

种子质量的优劣不仅影响良种特性的发挥，直接关系到烟叶生产，还影响烟农的收入及种子企业的信誉。烟草种子质量检验在种子质量控制过程中起到对各个生产、加工环节重要把关的作用，其作用主要体现在以下几个方面。

1）保证种子质量，提高烟苗素质，进而提高烟叶产量和质量。优质的种子纯度高、活力好，出苗率高、速度快、整齐，对培育壮苗起到关键作用。

2）预防作用。对过程控制而言，对上一过程的严格检验和把关，就是对下一过程的有效防控。通过对种子生产过程中亲本及品种纯度的控制、种子加工过程中原材料和工艺过程的控制、引进品种的检疫检验及种子贮藏过程中质量的检测，可以防止不合格种子进入下一过程。

3）监督作用。监督是种子检验时对种子质量进行宏观控制的主要形式，通过对种子实行监督抽查、质量评价等措施，监督生产、加工、贮藏过程中种子质量的状况，以便及时发现假劣种子，尽可能避免给农业生产带来的损失，力求把损失降到最低程度。

（二）种子质量检验的程序

种子质量是一个综合概念，包含多个指标，且不同类型的种子质量指标有所不同。为了保证种子质量检验结果的有效性，扦取的样品必须具有代表性，检验方法必须严格执行相关标准，分析方法和分析手段必须科学系统，检验程序必须合理、完整、相互衔接、密切联系，同时必须借助于先进的仪器设备。烟草种子质量检验必须根据种子检验规定的程序图进行操作，不能随意改变。检验程序可详见图 7-10。

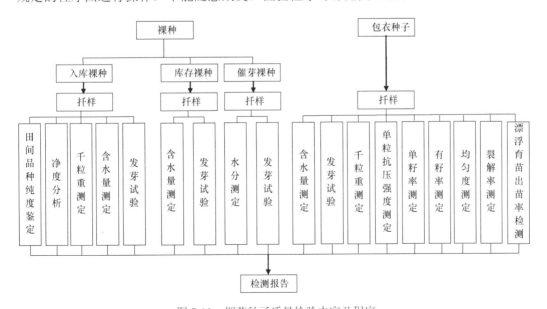

图 7-10 烟草种子质量检验内容及程序

第三节　烟草种子防伪与质量追踪

自从我国《种子法》颁布实施及种子市场放开搞活以来，种业界对自有品种品牌的保护意识越来越强，但假冒伪劣种子充斥市场仍相当严重。生产上以假冒真，以次充好，贩卖伪劣种子，从中牟取暴利的行为时有发生，给农业生产和农民带来极大的危害，给种子企业的声誉造成了负面的影响。大多数种子企业都在试图用各种防伪技术减少其被假冒的可能，减少因假冒伪劣种子引发的民事纠纷。种子质量信息化及防伪技术可以有效解决上述问题。

一、种子防伪

通过对种子真实性的鉴定，可以辨别种子的真伪，但目前尚无有效快速的鉴定方法，较可靠的方法还是进行田间种植鉴定，而这往往费时费工，难以及时对种子真实性作出辨别。种子包装上可以采用条形码和二维码喷码技术防伪，但对种子本身没有防伪效果，一旦包装丢弃则无法追溯。

（一）烟草种子荧光防伪技术

化学物质包括荧光化学物质能够通过一定的途径进入发芽种子或种苗中，然而到目前为止，尚不清楚具有系统活性的化合物是通过种皮扩散进入种胚，还是在不同的处理过程中黏附在种子上，种子播种之后扩散于土壤中，再被根或茎吸收，或者是两种渠道的结合。化学物质对种子进行处理后，其效果不仅与种子本身（种子结构、种子化学成分组成及发芽特性等）相关，更依赖于所使用化学物质穿透种皮及运输到胚及种苗的能力。系统性荧光化合物能够随着种子的发芽和生长进入到植株的不同部位，在种子生长的不同阶段，用特定波长的光线照射后通过观察种子及种苗中显示的特定颜色荧光及存在部位（而用肉眼是观察不到的）可以达到种子防伪的目的。

研究发现，采用 2.0mg/mL 罗丹明 B 溶液作为荧光标志物，内层喷施或与包衣剂混合进行标记，不仅对烟草包衣种子萌发与幼苗生长无不良影响，而且在种子吸水裂解及幼苗生长到一定阶段都可观察到明显的荧光标记（图 7-11～图 7-13）。

（二）烟草种子核磁共振防伪技术

ProTag 是英国 GTG 公司开发的用于种子和种子产品的防伪专门技术。使用简便并具有高度防伪性，显著优于现有其他防伪技术。该技术利用磁共振原理来检测种子真伪。将一种称为 Taggant 的防伪材料施用在种子上，使其具有一种特殊"指纹"，这样就使假冒产品无法解码或复制。这种 Taggant 防伪材料可混配于种子处理聚合物中，用常规种子处理和丸化设备处理种子时施用在种子上，也可与包装材料标签油墨混合使用或与种子包衣剂混合使用，达到同样的可靠的种子产品防伪保护作用。

采用一种特殊的手持式专用无线电收发器（检测器）来检测用 Taggant 处理过的种子。这种专用手持式 ProTag 检测器发出一种调谐的低能量无线电频率辐射脉冲，

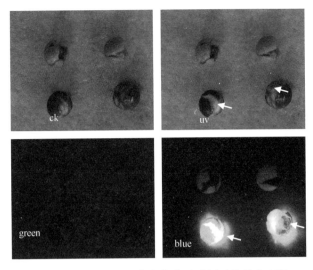

图 7-11 荧光素处理的丸化种子裂解时的荧光表现

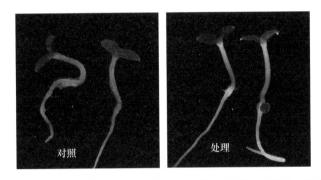

图 7-12 荧光素与包衣粉剂混合后烟草包衣种子发芽第 7 天幼苗中的荧光表现

uv. 紫外光下观察；green. 绿光下观察；blue. 蓝光下观察；对照为未添加荧光素的包衣种子在蓝光下的表现，
处理为荧光素与包衣粉剂混合后的包衣种子在蓝光下的表现

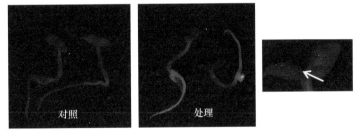

图 7-13 2.0mg/mL 罗丹明 B 溶液代替水喷施处理种子发芽第 7 天幼苗中的荧光表现

对照为未添加罗丹明 B 的包衣种子在红光下的表现，处理为 2.0mg/mL 罗丹明 B 溶液代替水喷施的包衣种子在红光下的表现

使这种防伪材料中有些分子产生共振，当这种无线电频率辐射脉冲停止时，这些分子以不同频率的无线电频率辐射脉冲形式再释放出这些能量，检测器可即时检测到用 Taggant 处理过的包衣种子回应的特殊信号。用这种检测器可实时检测种子的真伪，可检测包装容器的真伪，在有些情况下甚至可检测已经栽种或已萌发的种子，无需直接与种子或农用化学品接触就可检测，通过包装袋或包装容器就可检测（图 7-14）。

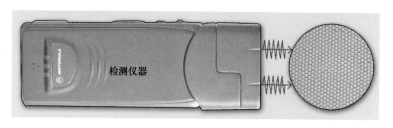

图 7-14　核磁共振防伪标记检测

二、种子质量信息化追踪

（一）烟草种子质量控制与追踪信息化管理系统

目前，我国烟草种子的管理是由国家烟草专卖局统一部署、宏观调控，由各省自行管理的模式。但是，国内烟草种子的质量信息化管理水平还较低，烟草种子外包装上的种子标签信息和包装印刷信息只能反映该种子的相关信息，难以进行质量追踪与溯源。应用现代移动互联网技术、物联网技术、数据分析处理技术、双码识别与防伪技术、跨平台混合编程技术等最新技术体系，玉溪中烟种子有限责任公司构建了包括种子生产、加工、贮藏、质量检验、销售等全过程的数字化质量控制与追踪系统，包括种子生产、加工、库存、质检、销售、查询、设置 7 个模块，以及手机客户端、电脑客户端，具备烟草种子生产全部质量相关信息的收集汇总、分析处理、查询输出、控制追踪、综合管理等功能，完善了烟草种子质量控制和服务体系（图 7-15～图 7-17）。

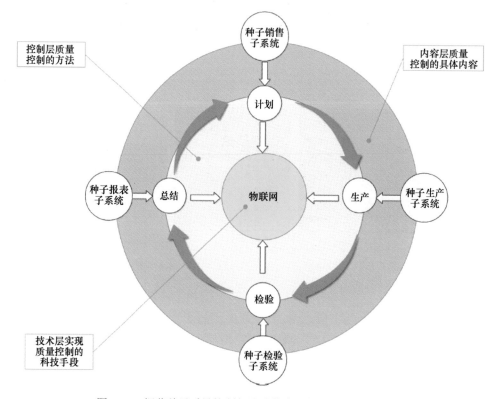

图 7-15　烟草种子质量控制与追踪信息化管理系统总体框架

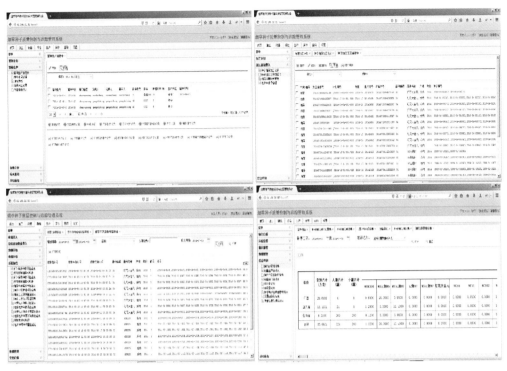

图 7-16　烟草种子质量控制信息化管理软件系统

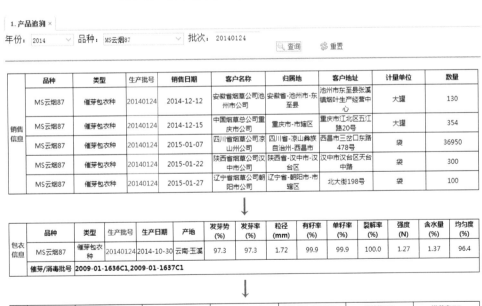

1.产品追溯 ×

年份： 2014　　品种： MS云烟87　　批次： 20140124　　　　🔍 查询　　🔁 重置

	品种	类型	生产批号	销售日期	客户名称	归属地	客户地址	计量单位	数量
销售 信息	MS云烟87	催芽包衣种	20140124	2014-12-12	安徽省烟草公司池州市公司	安徽省-池州市-东至县	池州市东至县张溪镇烟叶生产经营中心	大罐	130
	MS云烟87	催芽包衣种	20140124	2014-12-15	中国烟草总公司重庆市公司	重庆市-市辖区	重庆市江北区五江路20号	大罐	354
	MS云烟87	催芽包衣种	20140124	2015-01-07	四川省烟草公司凉山州公司	四川省-凉山彝族自治州-西昌市	西昌市三岔口东路478号	袋	36950
	MS云烟87	催芽包衣种	20140124	2015-01-22	陕西省烟草公司汉中市公司	陕西省-汉中市-汉台区	汉中市汉台区天台中路	袋	300
	MS云烟87	催芽包衣种	20140124	2015-01-27	辽宁省烟草公司朝阳市公司	辽宁省-朝阳市-市辖区	北大街198号	袋	100

↓

	品种	类型	生产批号	生产日期	产地	发芽势(%)	发芽率(%)	粒径(mm)	有籽率(%)	单籽率(%)	裂解率(%)	强度(N)	含水量(%)	均匀度(%)
包衣 信息	MS云烟87	催芽包衣种	20140124	2014-10-30	云南-玉溪	97.3	97.3	1.72	99.9	99.9	100.0	1.27	1.37	96.4
	催芽/消毒批号 2009-01-1636C1,2009-01-1637C1													

↓

	品种	催芽/消毒流水号	罐号	催芽/消毒批号	催芽/消毒种重量(Kg)	发芽势(%)	发芽率(%)
催芽/ 消毒 信息	MS云烟87	C20141114145113872	1	2009-01-1637C1	4	94.3	95.7
	MS云烟87	C20141114145113872	1	2009-01-1636C1	4	94.3	95.7

↓

	品种	繁种批号	良种批号	生产日期	产地	发芽势(%)	发芽率(%)
良种 信息	MS云烟87	F2008-09-01-5	2009-01-1636	2009-01-01	版纳（曼曼棒）	97.3	98.7
	MS云烟87	F2008-09-01-5	2009-01-1637	2009-01-01	版纳（曼曼棒）	96.7	97.0

图 7-17　烟草包衣种子质量追踪溯源

（二）烟草种子质量控制与追踪信息化管理终端系统

烟草种子质量控制与追踪信息化管理终端系统是利用二维码、GIS、CSS3+HTLM5、MYSQL、JAVA 等技术开发而成，该系统具有质量追踪、质量控制、产品分布展示等功能（图 7-18～图 7-21）。通过触摸屏单机终端进行查询时，可以依托烟草种子生产数据，采用烟草种子产品二维码标识作为操作入口，简洁地展示出烟草种子的整个生产流程及特点；依托烟草种子生产数据分析图表，综合展示烟草种子产品品质改进要素；全国烟

图 7-18　系统总体功能

图 7-19　质量追踪功能

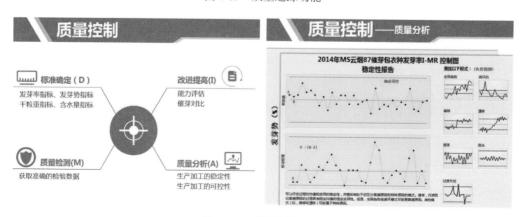

图 7-20　质量控制功能

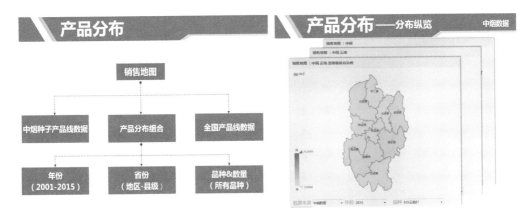

图 7-21 产品分布展示功能

草种子和玉溪中烟种子有限责任公司的产品按照年份及品种在中国地图上进行标注和统计分析，品种来源、销售年份和品种名称可以实现任意条件组合查询，通过地图上颜色的变化展示出烟草种子的分布信息。该终端系统已经开发完成并正式投入使用，体现了公司生产加工过程中精益管理、六西格玛管理及客户导向管理的理念。

条形码是一种有效的识别工具，其优点为速度快、准确性高、追溯性强、灵活实用，并且条形码标签成本低，易于制作，条形码设备操作简单不需培训。由条形码技术发展而来的二维码以其特有的优势得到越来越广泛的应用。除具有一维条形码的优点外，二维码具有信息容量大、保密性高、容错能力强等优点。将二维码技术引入烟草种子质量控制体系，可充分利用二维码的诸多优点，提高效率和准确度，减少人力成本，实现烟草种子质量追踪信息化。为此，玉溪中烟种子有限责任公司构建了烟草种子生产、加工、贮藏、质量检验、销售等环节的质量控制与追踪分析模型，实现了烟草种子的繁种基地、生产管理、生产资料使用、质检、贮藏、消毒、引发、包衣加工、包装、销售等环节的全程质量监控与查询（图 7-22）。

图 7-22 烟草包衣种子包装及条形码、二维码标识

第八章 烟草种子管理与经营

种子工作是"两烟"生产的基础和源头，是行业可持续健康发展的根本，强化种子管理、规范种子经营是确保行业总体工作全面推进的前提保障。多年来，国家烟草专卖局高度重视烟草种子工作，加强烟草种子管理工作，维护烟草品种选育者和种子生产者、经营者、使用者的合法权益，有效地推广应用优良品种，提高种子质量，推动种子产业化，促进烟草生产的持续发展。

第一节 种 子 管 理

回顾我国烟草生产历史，烟草种子的管理经历了三个主要发展时期：一是以生产队为基础的"自选、自繁、自留、自用，辅之以必要调剂"的"四自一辅"自由式种子生产管理；二是由烟草科研单位及各级烟草公司繁育和管理的"良种生产专业化、加工机械化、质量标准化、品种布局区域化，国家集中繁育和以县为单位统一供种"，即逐步规范的"四化一供"种子生产和管理制度；三是国家（省）烟草专卖局（公司）指导管理下的以烟草种子公司为主的企业化种子生产管理模式，引入市场机制，实行企业化管理，逐步实现烟草种子"育、繁、推、销"一体化。

一、我国烟草种子管理体系概况

目前，我国已经建立了完善的烟草种子管理体系，根据烟草生产的实际需要，针对品种的选育、引进、试验、示范、审定、推广等主要问题，国家烟草专卖局出台了《烟草品种审定办法》《烟草品种试验管理办法》《全国烟草品种审定委员会章程》《烟草种子管理办法》等系列规定，更好地满足和适应了烟草种子工作的新要求。

全国的烟草种子工作由国家烟草专卖局统筹部署和规划，由中国烟叶公司统一管理，各省的烟草种子工作由省烟叶处（烟叶公司）统一管理。中国烟草育种研究（南方）中心、中国烟草遗传育种研究（北方）中心两个原种繁殖基地分工负责全国烟草原种的繁殖任务，承担全国各良种繁殖基地的技术指导和种子质量检验工作，各良种繁殖基地主要承担所在省（自治区、市）的良种繁殖任务。玉溪中烟种子有限责任公司负责承担全国主要烟草品种种子的生产经营任务，配合中国烟叶公司和各省级烟草公司实现对烟草种子工作的管理，部分地方特色烟草品种的种子由各省自行生产经营和管理。只有通过国家审定或认定的品种才允许纳入繁种生产和经营体系。

二、烟草种子管理程序

我国烟草种子的管理本着两级管理的原则，统筹规划，统一管理。中国烟叶公司负责管理全国烟草种子工作，省级烟草专卖局（公司）的烟叶处（公司）负责管理本行政区域内的烟草种子工作。烟草种子管理以省（自治区、市）为单位统一供种，各省烟叶生产用种由所属省（区、市）烟草公司统一向省级烟草公司烟叶管理处申请。通过省级烟草公司的批复后，省（区、市）烟草公司再到烟草种子企业进行种子采购，并按各地需求分配使用。

每年度，由国家烟草专卖局统一下达全国各省区烟叶生产计划，各省核定种植面积和种子用量。各省（区、市）烟草公司的种子用量及各品种种植面积据实上报所属省级烟草公司烟叶管理处统计备案，经汇总后，以报表的方式据实报中国烟叶公司进行统计和备案。

三、烟草种子的市场化、产业化运作

发展烟草产业，种子是基础，品种是关键。长期以来，烟草育种由国家烟草专卖局重点投资，育种单位育成品种后直接投放烟叶产区免费使用，这种单一机制既影响了育种单位和育种者的积极性，又不利烟草种子工作的有效开展。2001 年后，国家烟草专卖局大力推进种子市场化、产业化进程，批准投资成立玉溪中烟种子有限责任公司，负责承担全国的烟草种子生产、加工、销售、服务和技术研发任务。随着烟草种子市场化进程加快，在烟草种子营销管理、种子科技创新及新技术应用转化、种子质量及标准化、服务烟叶生产等方面取得了长足进步，主要表现在以下几个方面。

一是认真贯彻落实行业政策，严把种子调拨关，积极配合各省级烟草公司，规范种子营销渠道，建立健全烟区档案，不断完善营销体制，在行业"双控""烟叶防过热"等政策落实中做出了积极贡献。

二是为维护计划管理的严肃性，各地烟草公司采购种子必须先到所属省级烟草公司开具种子审批单，玉溪中烟种子有限责任公司进一步核查并签订合同后，严格按照审批数量供种。因全国种子调拨时间相对集中，各地烟草公司必须准确及时开具种子审批单。种子公司在做好服务工作的同时，对发货供种情况进行适时监督检查，确保按规定及时完成种子供应工作。

三是依托中国烟草育种研究南、北方两个中心及相关试验站专业技术力量，做好优良品种选育、国外优良品种引进和配套技术的研究，与育种科研单位建立长效合作机制，积极探索新的品种转让、推广及有偿使用机制，利用种子产业化平台，促进烟草优良品种的推广；同时，做好烟草种子科研，提高烟草种子技术含量，提升种子技术水平，确保种子质量，为育、繁、推、销一体化实施提供可靠的技术保障。烟草种子育、繁、推、销体系的构建与完善，不仅符合农业部对农作物种子"育、繁、推、销"的要求，而且不断推动行业烟草种子产业化、市场化和国际化，实现我国烟草种子生产经营管理与国际接轨。

四是为推动烟草种子技术创新水平，积极加强与浙江大学、南京农业大学、云南大学、北卡罗来纳州立大学、中国科学院昆明植物研究所等国内外高校、科研院所的深入合作，积极开展种子科研工作，努力营造集科技创新、成果转化、人才培养于一体的良好环境。同时向全国烟区生产、技术管理人员开展育苗、栽培技术及品种推广培训，促进了科研与生产的有效结合，为服务全国烟草工、商、研工作，搭建烟草品种及种子技术创新、应用与交流平台做出了努力。

五是开创了与国外先进种子企业进行烟草优良品种及技术引进和推广应用的新模式，促进了国际间交流合作。2007 年与美国金叶种子公司（Gold Leaf Seed Company）以品种使用权转让方式引进了 NC297、NC102、NC55 等烤烟品种；2010 年从美国巴西布菲金种子公司（ProfiGen Inc.）引进了 NC71、PVH1452 等烤烟新品种；2014 年从美国 CC 种子公司（Cross Creek Seed，Inc.）引进了 CC27、K326 第一代原种等，并参与从津巴布韦烟草研究院引进 KRK26 等品种，对有应用前景的引进新品种及时安排种子繁殖并进入全国区域试运作，完成引进品种的国内审定和推广应用。

第二节　种　子　经　营

一、世界烟草种子情况

自 1492 年哥伦布发现新大陆，把烟草种子从美洲带回欧洲后，世界烟草的发展已经历了 500 多年的历程并取得了巨大发展，烟草行业已成为一个非常庞大的产业，烟草种子的经营与管理也随之发展起来。

目前，世界上进行烟草种子销售的国家有 130 多个。从烟草种子销量来看，以亚洲国家最多，约占世界总销量的 1/2，主要销售国包括中国、印度、土耳其、印度尼西亚等；北美次之，约占世界总销量的 1/4，主要包括美国、加拿大、古巴；第三是南美，约占世界总销量的 1/5，主要包括巴西、智利、阿根廷等。此外，欧洲有意大利、希腊、保加利亚；非洲有津巴布韦、马拉维和赞比亚等。世界各产烟国中，烟草种子主要产于中国、印度、美国、巴西、加拿大等国。

（一）亚洲区经营品种情况

亚洲区的烟草种植主要以中国为主，种植的烤烟品种有云烟 87、云烟 97、红花大金元、中烟 100 和翠碧 1 号等。

（二）北美区经营品种情况

北美区的烟草种植主要以美国为主，种植的烤烟品种有 CC37、NC196、K326、CC27 和 NC71 等。

（三）南美区经营品种情况

南美区的烟草种植主要以巴西为主，种植的烤烟品种有 NC55、PVH1452、PVH2110、PVH2254 等。

（四）非洲区经营品种情况

非洲区的烟草种植主要以津巴布韦、马拉维、赞比亚为主，种植的烤烟品种有 KRK26、KRK66、KRK64、T73 等。

二、烟草种子在国际种子贸易中的比例

国际种子联盟（ISF）公布的数据显示，全球商业种子市场价值约为 450 亿美元。

美国种子市场价值最大，为 120 亿美元，占全球种子市场的 26.7%；中国第二，为 90.3 亿美元，占全球种子市场的 20.1%。近几年国际种子贸易额急剧上升，2012 年全球种子交易总额约为 100 亿美元，其中全球烟草种子的交易额约为 1 亿美元，约占全球交易总额的 1%。随着种子商品化程度的不断提高，到 2015 年，中国种子市场销售额突破 900 亿元，合约 142 亿美元，中国超过美国成为全球最大的种子销售市场。中国烟草种子市场的价值大约为 1 亿元，烟草种子商品供种率和良种覆盖率达到 99% 以上，对烟草农业增产、增效的贡献率大幅提升。

三、世界主要烟草公司经营体制

国外种子企业最早于 20 世纪 90 年代进入中国，目前共有 35 家跨国种子企业在中国注册登记，其中尚无经营烟草种子的国外企业。国外烟草种子在国内的使用主要是通过引进方式实现。烟草种子的生产和供应，大都由专业种子公司负责。

（一）中国烟草种子经营体制

烟草种子是《中华人民共和国烟草专卖法》管辖范畴的非专卖产品，同时属于《中华人民共和国种子法》的管辖范围。

专卖，就是国家对某种商品的生产、销售业务进行垄断经营。烟草专卖制度的重要特征是行政管理和生产经营管理高度集中。国务院设立全国烟草行政主管部门（国家烟草专卖局）主管全国烟草专卖工作，各地设立省级、地市级、县级烟草专卖局，主管本辖区烟草专卖工作，在行政关系上体现的是统一领导、垂直管理的管理体制。在烟草专卖品和烟草专卖管理品两项烟草专卖内容中，烟草种子均没有包括在内，但烟草种子的经营仍然在烟草专卖体制下运行，并由中国烟叶公司负责全国 31 个省级烟草公司，200 多个地市级烟草分（市）公司，1800 多个县级烟草公司烟草种子工作的统一管理。玉溪中烟种子有限责任公司主要负责实现烟草种子的全国统一供应、标准化管理和市场化运作。

（二）美国烟草种子经营体制

美国市场化运作的种子经营体制，有利于烟草育种的良性循环。美国的烟草种子公司是种子生产和经营的主体，这些公司通常也自己选育品种，但目前经营的大多数品种还是从专业的科研机构购得。烟草种子公司根据新育成品种在审定过程中的表现及烟农试种的反映与产权单位协商一定范围经营权的费用，洽谈成功后，以后每年还需将该品种 5% 左右的销售额返还育种单位。烟草种子公司在市场经济框架下，依据市场调节机制来开展研究与开发活动。为了适应竞争激烈的市场，各种子公司都非常重视企业的信誉，想方设法提高种子质量和服务水平，一定程度上促进了品种的推广。科研机构与种子公司既存在产权方面的权属关系，又存在科研经费方面支持与被支持的关系。因此，烟草种子的产业化运作和市场化供种一定程度上也促进了育种机构的品种选育。

美国作为世界上进行烟草育种研究最早和培育烟草品种最多的国家，拥有世界杰出的育种专家和一流的育种公司，在烟草育种研究方面处于绝对领先的地位，其烟草种子的销售则以优良的烟草品种为基础，向世界各地输送优质产品。

1928 年，位于南卡罗来纳州（South Carolina）的柯克种子公司（Coker Pedigreed Seed Company）开始进行专业烟草育种工作，该公司先后培育出著名的 Hicks、Coker 187-Hicks、Coker 319、Coker 176 和 Coker 371-Gold 等品种。

1936 年，北卡罗来纳州（North Carolina）成立斯拜特种子公司（Speight Seed Farms），其先后培育出 G28、G70、Speight 168、Speight H20 和 Speight NF3 等品种。

1946 年，迈克奈尔公司（McNair Company）开始从事烟草育种，培育出了 McNair944 和著名的 K326。该公司于 1979 年被诺斯朴·金公司（Northrop King Seed Company）收购，诺斯朴·金公司还于 1988 年收购了柯克种子公司。

1995 年，金叶种子公司（Gold Leaf Seed Company）收购了诺斯朴·金公司，成为目前美国本土最大的烟草种子公司。

成立于 1996 年的布菲金种子公司（ProfiGen）是美国烟草公司（U. S. Tobacco, Inc.）的附属种子公司，最初只引进巴西培育的烟草品种，随着先后收购 RG 种子公司（RG Seeds）和 F. W. Rickard 种子公司（F. W. Rickard Seeds）在肯塔基州（KY）的 Winchester 公司后开始了自己的烟草品种选育项目。

目前，金叶种子公司、布菲金公司和 CC 种子公司是美国三大烟草种子公司，也是世界上比较有影响力的烟草种子公司。

1. 金叶种子公司

金叶种子公司是美国主要烟草种子公司之一，总部位于美国南卡罗来纳州哈兹维尔（Hartsville）。公司成立于 1995 年，由当时 3 家美国著名的烟草种子公司迈克奈尔（培育有 McNair 系列品种）、柯克（培育有著名的 Coker 系列品种）和诺斯朴·金（培育有著名的 K326 等 K 系列烟草品种）合并正式成立，其前身 3 家老牌公司具有 160 多年烟草种子开发和经营的悠久历史。在过去 10 年中，金叶种子公司增加了在美国的销售，如今，该公司仍然在国际市场中具有很强影响力。

金叶种子公司目前经营着美国大部分烤烟主栽品种，包括 Coker 系列品种（如 Coker 371-Gold）、GL 系列品种（如 GL350、GL939）和 K 系列品种（如 K326、K346、K349 等），还经营经授权许可的品种，如北卡罗来纳州立大学培育的 NC 系列品种 NC71、NC72、NC102、NC297、NC196、NC471 等，其烟草品种的主要市场在美国国内，市场占有率曾达到 80%，在国外也有一定的市场，如亚洲的印度尼西亚、欧洲的意大利及非洲的部分国家。

金叶种子公司销售的部分烟草品种介绍如下。

1）GL350：高产优质杂交种，高抗黑胫病 0 号小种和青枯病，抗根结线虫病，易烘烤，耐熟，级指 77，平均株高大约 101cm，17.4 片叶/株。

2）NC71：优质高产杂交种，高抗黑胫病，中抗青枯病，抗根结线虫，烤后原烟多中度橘黄，级指 79，平均株高大约 99cm，17.4 片叶/株。

3）NC72：高产杂交种，高抗黑胫病 0 号小种，低抗青枯病，易于机械采收，级指 79，平均株高 104.1cm，17.6 片叶/株。

4）NC297：高产优质杂交种，高抗黑胫病 0 号小种，中抗青枯病，抗 TMV 和根结线虫，易烤，平均株高 101.6cm，18.1 片叶/株。

5）GL939：通过 McN92×80241 组合选育的 K326 类抗病品种，高抗青枯病，中抗黑胫病 0 号小种，抗根结线虫，耐褐斑病，易于烘烤和机械采收，级指 82，平均株高 99.06cm，17.8 片叶/株。

6）GL973：杂交种，高抗黑胫病 0 号小种，中抗青枯病，抗根结线虫，易烤，级指 78，平均株高 106.68cm，17.1 片叶/株。

7）NC102：高产优质杂交种，高抗黑胫病，低抗青枯病，对 TMV、PVY、TEV、根结线虫和孢囊线虫也有一定的抗性，较耐 CMV，级指 80，平均株高 101cm，17.7 片叶/株。

8）NC471：高抗青枯病、黑胫病 0 号小种，抗 TMV，对黑胫病 1 号小种也有一定抗性，易烤。

2. 布菲金种子公司

布菲金种子公司（ProfiGen）于 1996 年成立，为美国烟草公司（U. S. Tobacco，Inc.）下属公司。布菲金种子公司收购 F. W. Rickard 种子公司后，利用 F. W. Rickard 种子公司各种商业单位，确保向全球的烟草公司持续供应传统及杂交的烟草产品，获得认证的烟草品种有烤烟、白肋烟、香料烟及深色烟草。2015 年，布菲金种子公司被菲莫国际公司收购。

布菲金种子公司生产了许多获得美国认证机构肯塔基种子改进协会认证的品种，是拥有 ISO 9001：2000 认证的烟草种子生产、加工和品种开发公司。

布菲金种子公司所销售的烟草种子必须经过注册。该公司需在每年生产种子之前与农业部种子质量检测委员会（DPV）制订计划，签订合同，繁种生产需按计划进行；种子加工完成后，通知 DPV 取样进行测试，合格的净种子方可进行销售；销售结束后，向政府反馈销售清单。种子的销售价格按品种制定，杂交种高于常规种，包衣种子按每 1000 粒定价，裸种按每克计价。一般情况下，每公顷用包衣种子 20 000 粒，投资 11 美元左右。

布菲金种子公司销售的部分烟草品种介绍如下。

1）PVH03：杂交种，具有较好的品质和烘烤性，抗 TMV、根结线虫 1 号和 3 号生理小种，中抗青枯病，植株高度、叶片大小、开花时间、烘烤和成熟特性等与 K326 接近。

2）PVH09：杂交种，根系较大，早生快发，适应性广，中抗或高抗青枯病，抗根结线虫 3 号生理小种和 TMV，烤后原烟多深色橘黄，组织结构疏松。

3）PVH19：早熟的杂交种，可在生长季节长的烟区 1 年种植 2 季，抗 TMV、PVY 和根结线虫，产量高，质量优。

4）PVH20：杂交种，高抗青枯病，抗 TMV 和根结线虫，高产优质品种。

5）PVH50：杂交种，抗 TMV、根结线虫和青枯病，适应性广，耐熟性强，烤后原烟多深色橘黄。

6）PVH51：高产优质杂交种，抗 TMV 和根结线虫，中抗青枯病，株高、叶面积、开花时间、烘烤和成熟特性等与 K326 相近。

7）PVH156：抗 PVY，中抗青枯病和根结线虫，适应性广。

8）NC100：高产优质品种，抗 TMV、PVY 和根结线虫，低抗黑胫病和青枯病，适应性广，特别适宜在病毒病严重的区域种植。

9）RGH04：叶片较大，是具有高产优质潜力的强优势杂交种，抗 TMV、根结线虫和青枯病，根系较大，适应性广，早生快发，容易烘烤，烤后原烟多橘黄。

10）K326PVY：PVY 抗性转基因品种，株高、叶面积、开花时间、烘烤和成熟特性等与 K326 相近。

11）PVH2110：高产优质杂交种，中抗青枯病，抗根结线虫，该品种具有独特的产量潜力和烘烤特性，其平均产量比 K326 提高 10%～15%，但不影响其品质，是一个替代传统 K326 的较佳候选品种。

3. CC 种子公司

美国 CC 种子公司是全球知名的烟草种子公司。目前，其所经营的品种销售量占美国种植面积的 56%。主要经营品种有 K326、CC27、CC700、CC67、CC143 等。

4. 斯拜特种子公司

主要销售的烟草品种为 Speight 234：通过 Spt168×K346 培育的品种，高抗黑胫病和青枯病。

5. 美国 Newton 烟草种子公司

Newton 种子公司于 1952 年成立于美国，可生产并提供优良的白肋烟、深色烟和晾晒烟种子。该公司开发了优良的抗病烟草品种：抗黑胫病白肋烟品种 N7371LC 具有高产、优质和色泽好等优势；杂交白肋烟品种 NBH98LC 对黑胫病的两个小种都有中等抗性，是一种产量高的早熟品种；DT538LC 是抗黑胫病的深色品种，烟叶产量高、质量较好。

（三）巴西烟草种子经营体制

巴西烟草生产上所需种子由苏萨·克鲁兹（SOVZACRUZ）公司遗传育种中心、布菲金种子公司和法孟公司育种中心提供，生产用种以自育品种为主，同时使用部分美国品种。烟草杂交种的推广面积大，目前已占巴西烟草种植面积的 60%～70%，品种多，如苏萨·克鲁兹公司与农户签订的种植品种共 34 个，可根据生产不同质量特点的烟叶选择使用。目前该公司推广的主要品种及比例为 K326 占 21.3%，CSC458 占 22.9%，CSC444 占 11.2%，CSC439 占 12.3%，BAC9373 占 7.8%，NC55 占 6.9%，K358 占 5.3%，MC373 占 2%，PVH09 占 0.9%，LAFC53 占 0.4%，PVH03 占 0.2%，Va156 占 0.1%，NC100 占 0.1%，具有多种质量特点的烟叶能够满足不同卷烟厂的需要。

（四）其他国家烟草种子公司销售体制

英国烟草种子公司（The Tobacco Seed Company）自 1999 年起通过互联网进行烟草种子销售，其销售面向个人，现可向全欧洲国家提供服务。通过数年的烟草种子销售，该公司现已拥有 30 多个世界各地优良的烟草品种资源，其种子均产自资深的烟草农场。

此外，世界烟草种子市场中还存在一些综合性的种子公司进行烟草种子销售，这些公司常为家族性企业，其营业范围较广，烟草种子仅为其推广项目之一，如维多利亚种子公司（Victory Seed Company）、新希望种子公司（New Hope Seed Company）等。

四、中国烟草种子经营情况

（一）中国烟草种子市场情况

我国的烟草种植区域按地域分布分为 5 个产区，即东北烟区为辽宁、吉林、黑龙江；黄淮烟区为河南、陕西、山东、安徽；西南烟区为云南、贵州、四川、重庆；中南烟区为湖北、湖南、江西；华南烟区为广东、广西、福建。此外，山西、河北、内蒙古、甘肃等地也有少量烟草种植。云南和贵州是我国烟草生产量最大的两个省份，其中云南烤烟年收购量占全国收购量的 30%左右，贵州烤烟年收购量占全国收购量的 15%左右。白肋烟主要分布在湖北、云南、四川、重庆、河南、陕西等；香料烟主要分布在云南、新疆、湖北、浙江、河南等。

目前，全国共有 111 个地市，521 个县，4666 个乡镇，134.26 万户烟农种植烤烟。近年来全国烟叶生产实行"双控"政策，全国烤烟生产总面积一般在 1500 万亩左右，2004 年全国共种植烤烟 1507 万亩，2005 年 1675 万亩，至 2012 年达到历史最高的 2107 万亩。之后，因政策调控，全国烤烟种植面积逐年下调，2016 年调整为 1619 万亩。

我国烟草种子育、繁、推、销一体化已趋完善，国家烟草专卖局相继成立了中国烟草育种研究（南方）中心，中国烟草遗传育种研究（北方）中心和中国烟草东北、东南、中南、西南农业试验站及中国烟草白肋烟试验站，国家烟草栽培生理生化研究基地，形成了较为完善的烟草育种科研协作网络和品种区试网络。玉溪中烟种子有限责任公司经过 15 年的运作，建立了完善的原种与良种繁殖基地，承担着全国 80%的烟草种子生产、加工与经营管理工作，逐步在全国实现了统一供种。

全国当前主要种植的烤烟品种有云烟 87、云烟 97、K326、红花大金元（红大）、云烟 85 等（图 8-1），地方特色品种有贵州的南江 3 号、四川的川烟 1 号、福建的翠碧 1 号、河南的豫烟系列品种、陕西的秦烟 96 号、黑龙江的龙江 911 等。云南是我国种烟面积最大的省份，其次是贵州省、四川省、河南省、湖南省、福建省和重庆市（图 8-2）。

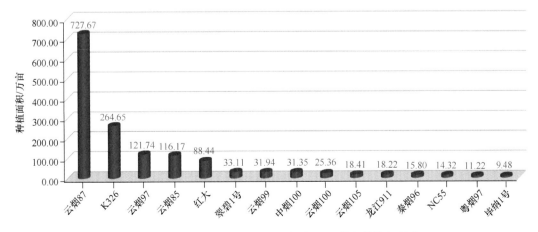

图 8-1　2016 年种植面积全国排名前 15 位的主栽烤烟品种

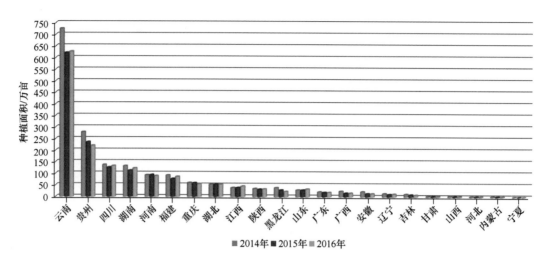

图 8-2　近 3 年全国主要省（区、市）烤烟种植面积

至 2016 年，全国种植面积在前 15 位的烤烟品种分别是：云烟 87、K326、云烟 97、云烟 85、红花大金元、翠碧 1 号、云烟 99、中烟 100、云烟 100、云烟 105、龙江 911、秦烟 96、NC55、粤烟 97、毕纳 1 号，合计种植面积 1518.38 万亩，占全国烤烟种植面积的 94.34%。位于前 5 位的云烟 87、K326、云烟 97、云烟 85、红花大金元种植面积为 1318.67 万亩，占全国面积的 81.42%。

（二）我国烤烟品种种植情况及演变

1. 我国烤烟品种的种植与发展

烤烟主栽品种的发展简要历程如下。

20 世纪 40 年代以前，主要是早期引进品种（系）及地方自留品种。

40 年代，从美国引进大金元。

70～80 年代，红花大金元和 G28 为主栽烤烟品种。

1985 年后，K326、NC82 的引进进一步丰富了我国烤烟主栽种植品种。

90 年代后，K326、NC89、云烟 85 当家。

2000 年后，K326、云烟 85、云烟 87、NC89 已成为全国大面积主栽品种。

2001 年，K326、云烟 85、云烟 87 等烤烟品种被成功转育成不育系，并大面积推广种植，逐年实现对同型常规品种的替代。

2002～2005 年，全国主栽烤烟品种有云烟 85、云烟 87、K326、红花大金元、NC89、中烟 100、龙江 911、翠碧 1 号等。

2006～2016 年，全国主栽烤烟品种有云烟 87、云烟 97、K326、红花大金元、云烟 85、南江 3 号、中烟 100、翠碧 1 号、云烟 99、云烟 100、云烟 105 等。

2. 我国主栽烤烟品种的演变

（1）红花大金元

大金元于 20 世纪 40 年代从美国引进，在全国大面积推广种植。因长期种植，品种退化严重和变异大，所以，云南省育种家从变异株中选择了一个花色深红、表现稳定、产值效益好的株系进行培育，后定名为红花大金元，1988 年通过全国审定。2016 年红花大金元在全国种植面积为 88.44 万亩，占全国烤烟种植面积的 5.46%，排名第五（图 8-3）。主要在云南、四川烟区种植。

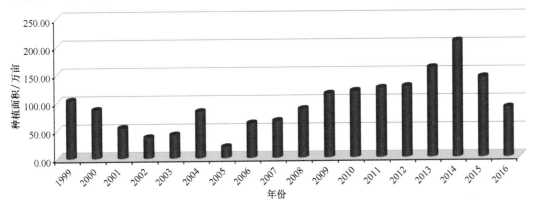

图 8-3　红花大金元种植演变

（2）NC89

NC89 是河南省农业科学院烟草研究所于 1981 年从美国引进，1988 年通过全国审定，种植年限已达 35 年，种植面积逐年递减。2015 年 NC89 的种植面积为 3.37 万亩，2016 年为 1.26 万亩，占全国烤烟种植面积的 0.08%，排名第六。目前，NC89 仍为北方烟区品种选育的对照品种（图 8-4），主要在山东、辽宁、河南种植。

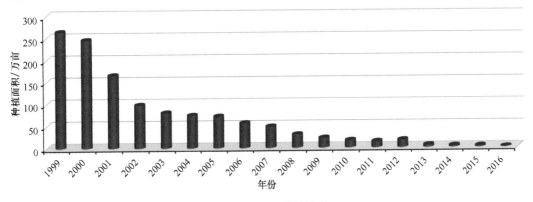

图 8-4　NC89 种植演变

（3）K326

K326 于 1985 年从美国引进，1990 年通过全国审定，1998 年重新进行更新换代，种植年限已达 30 年。2015 年 K326 在全国种植面积为 362.42 万亩，2016 年为 264.65 万亩，占全国烤烟种植面积的 16.34%，排名第二。目前，K326 仍是南方烟区品种选育的对照品种（图 8-5），主要在南方各大烟区种植。

（4）云烟 85

云烟 85 由云南省烟草农业科学研究院选育，1997 年通过全国审定，种植年限已达 20 年。2016 年云烟 85 在全国种植面积为 116.17 万亩，占全国烤烟种植面积的 7.17%，排名第四（图 8-6）。

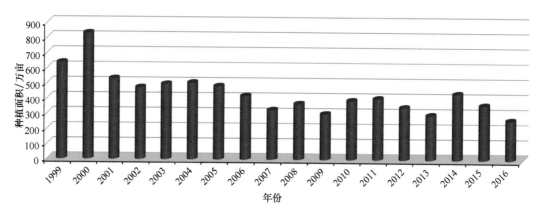

图 8-5 K326 种植演变

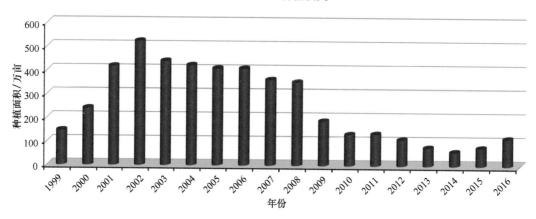

图 8-6 云烟 85 种植演变

（5）云烟 87

云烟 87 由云南省烟草农业科学研究院选育，2000 年通过全国审定，种植年限已达 16 年。2016 年云烟 87 在全国种植面积为 727.67 万亩，占全国烤烟种植面积的 44.93%，排名第一（图 8-7）。

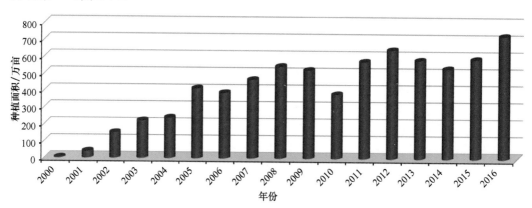

图 8-7 云烟 87 种植演变

（6）云烟 97

云烟 97 由云南省烟草农业科学研究院选育，2009 年通过全国审定，种植年限为 7 年。

2016 年云烟 97 在全国种植面积为 121.74 万亩，占全国烤烟种植面积的 7.52 %，排名第三（图 8-8）。

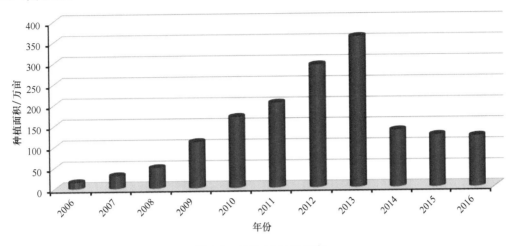

图 8-8　云烟 97 种植演变

五、烟草种子经营相关法律法规

与烟草种子经营相关的法律法规主要有三部，分别为《中华人民共和国种子法》《烟草种子管理办法》和《农作物种子生产经营许可管理办法》。

主要参考文献

曹显祖, 严雪风, 刘秀丽. 1991. 烤烟优质高产栽培的生理基础研究Ⅰ. 烟草品种光温反应的发育特性研究. 江苏农学院学报, (4): 27-31.

陈刚, 王忠, 张明农, 等. 1998. 烟草种子胚和胚乳发育及其养分的积累. 扬州大学学报(自然科学版), 1(1): 25-29.

陈合云. 2012. 基于氧传感技术的常规水稻种子质量检测方法. 北京: 中国农业科学院硕士学位论文.

陈能阜, 赵光武, 何勇, 等. 2009. 测定种子活力的新技术——Q2技术. 种子, 28(12): 112-114.

陈能阜, 朱祝军, 何勇, 等. 2010. 利用Q2技术快速检测番茄种子引发后的活力. 中国蔬菜, (20): 47-51.

陈廷俊. 1997. 烟草种子催芽新技术的研究. 烟草科技, (1): 42-43.

陈学平, 姜平, 张杰瑜, 等. 1998. 种质资源酯酶同工酶的研究. 安徽大学学报(自然科学版), 22(3): 107-110.

陈学平, 王彦亭. 2002. 烟草育种学. 合肥: 中国科学技术大学出版社: 200-205.

程存归. 2003. FT-IR直接鉴定紫苏子及其伪品的研究. 光谱学与光谱分析, 23(2): 282-284.

戴德成. 2007. 农作物品种混杂退化的原因及其预防措施. 中国种业, (6): 27.

丁巨波, 李达, 张效礼, 等. 1965. 光照条件对烤烟品种生长发育的影响. 山东农学院学报, (10): 13-21.

段玉琪, 晋艳, 杨宇虹, 等. 2011. 体视显微镜法观察烤烟花芽分化的研究. 中国农学通报, 27(3): 143-146.

方丽, 尚增强. 2007. 渗透调节技术及其在种子处理中的应用. 河南科技学院学报, 35(4): 4-7.

葛启福, 徐小荣. 2009. 品种混杂退化的原因及对策. 上海农业科技, (3): 24-32.

谷登斌, 李怀记. 2000. 种子包衣技术及发展应用. 种子, (1): 26-28.

顾桂兰, 张显, 梁倩倩. 2009. 不同含水量珍珠岩引发对三倍体西瓜种子萌发及生理活动的影响. 北方园艺, (10): 9-12.

郭泽伟, 刘会芬, 李景芬. 2003. 种子包装八注意. 中国种业, (2): 31.

韩亮亮, 毛培胜, 王新国, 等. 2008. 近红外光谱技术在燕麦种子活力测定中的应用研究. 红外与毫米波学报, 27(2): 86-90.

何川生, 张汉尧. 2000. RAPD技术在烤烟品种资源鉴定及纯度分析中的应用. 河南农业大学学报, 34(3): 240-243.

何勇, 李晓丽, 邵咏妮. 2006. 基于主成分分析和神经网络的近红外光谱苹果品种鉴别方法研究. 光谱学与光谱分析, 26(50): 850-853.

胡晋. 1998. 种子引发及其效应. 种子, (2): 33-35.

黄淑贤. 2010. 种子引发提高植物耐盐性的研究进展. 河北农业科学, 14(7): 54-55, 67.

黄艳艳, 朱丽伟, 李军会, 等. 2011a. 应用近红外光谱技术定性鉴别玉米纯度的研究. 光谱学与光谱分析, 31(3): 661-664.

黄艳艳, 朱丽伟, 马晗煦, 等. 2011b. 应用近红外光谱技术定量分析玉米纯度的研究. 光谱学与光谱分析, 31(10): 2706-2710.

景建州, 孙渭. 1998. 同工酶技术在烟草种子鉴别中的应用研究. 西北大学学报(自然科学版), 28(6): 540-544.

李佛琳, 马宇雷, 张国锋. 2000. 烟草种子含钾量和千粒重的基因型差异. 种子, 1(6): 18-21, 24.

李淑君, 黄元炯. 1997. 烟草农业生长手册. 北京: 中国农业出版社.

李晓丽, 唐月明, 何勇, 等. 2008. 基于可见/近红外光谱的水稻品种快速鉴别研究. 光谱学与光谱分析, 28(3): 578-581.

李永平. 2007. 烟草种子学. 北京: 科学出版社: 68-69.

梁明山, 刘煜, 侯留记, 等. 2001. 烟草品种的 DNA 指纹图谱和品种鉴定. 烟草科技, (1): 34-37.

梁明山, 刘煜, 周翔. 2000. 蛋白质电泳指纹图谱对烟草品种鉴定的研究. 西南农业学报, 13(2): 83-85.

梁文旭, 靳志丽, 陈和春, 等. 2012. 引发激活对烟草种子发芽特性和幼苗抗冷性的效应研究. 河南农业科学, 41(8): 62-65.

廖祥儒, 朱新产. 1997. 种子引发提高小麦抗渗透胁迫能力的效应. 植物学通报, 14(2): 36-40.

刘建利, 李永平, 马文广, 等. 2010. 烟草包衣丸化种子. 北京: 中国标准出版社.

刘军, 黄上志, 傅家瑞. 2001. 种子活力与蛋白质关系的研究进展. 植物学通报, 18(1): 46-51.

刘秀丽, 招启柏, 袁莉民, 等. 2003. 烟草花芽分化的形态建成观察. 中国烟草科学, 24(1): 9-11.

刘一灵, 刘仁祥, 李振华, 等. 2013. GA$_3$ 和 6-BA 协同引发对烟草种子萌发和幼苗生长的影响. 种子, 32(12): 76-78.

卢秀萍, 白永富. 2006. 烟草品种纯度鉴定技术研究进展. 云南农业大学学报, 21(4): 435-439.

卢秀萍, 何川生, 孔光辉. 2000. 烟草种子不同成熟时期形态特征的激光扫描共聚焦显微镜. 云南农业大学学报, 15(10): 49-53.

陆婉珍, 袁洪福, 徐广通, 等. 2001. 现代近红外分析技术. 北京: 中国石化出版社: 6-8.

马文广, 郑昀晔, 李永平, 等. 2010. 烟草种子雄性不育系种子生产技术规程. 北京: 中国标准出版社.

马文广, 郑昀晔, 索文龙, 等. 2009. 赤霉素引发处理提高烟草丸化种子活力和幼苗素质. 浙江农业学报, 21(3): 293-298.

马艺闻, 刘迎, 孙振杰. 2002. 植物种子的生物散斑现象试验研究. 中国激光, 29: 675-677.

孟宪君. 2011. 我国种子包装现状和发展趋势. http://www.docin.com/p-526014138.html.

潘俊华, 徐春松, 袁秀英, 等. 2011. 浅谈种子包装科学化规范化. 种子, 5(30): 121-122.

潘立辉. 1995. 烤烟种子催芽新法. 吉林农业, (4): 10-11.

潘显政. 2000. 农作物种子检验员考核学习读本. 北京: 中国工商出版社: 42-45.

阮松林, 薛庆中. 2002. 植物的种子引发. 植物生理学通讯, 38(2): 198-202.

邵岩, 李永平, 白永富. 2006. 烟草种子学. 北京: 科学出版社: 44-51.

师尚礼. 2011. 草类植物种子学. 北京: 科学出版社.

宋英, 张健, 曲桂宝. 2011. 种子加工技术及设备发展综述. 农机质量与监督, (11): 22-23, 30.

孙得禄. 2009. 油菜品种混杂退化的原因及防止措施. 种子世界, (1): 47-48.

孙光玲, 王海军, 李海峰, 等. 2004. 烤烟种子活力测定方法的相关分析. 种子, 198(1): 27-28.

孙光玲, 周义和. 1998. 浅议我国烟草种子工作. 中国烟草科学, (1): 33-36.

孙渭, 马英明, 李斌, 等. 2002. 渗透引发对烟草丸化种芽活力的影响. 西北农业学报, 11(2): 115-117.

王东胜, 刘贯山, 李章海. 2002. 烟草栽培学. 合肥: 中国科学技术大学出版社.

王君. 2013. 探析我国种子包装设计的创新与发展. 包装工程, 6(34): 100-102.

王佩斯, 毕昆. 2011. 基于激光散斑检测玉米种子活力方法的研究. 应用激光, (6): 473-477.

王树芳. 2009. 农作物品种混杂退化的原因和预防措施. 种子科技, (7): 39-40.

王思宏, 尹起范, 范艳玲, 等. 2004. 长白山地区几种红景天品种的傅里叶变换近红外光谱法鉴别研究. 光谱学与光谱分析, 24(8): 957-959.

王秀蓉. 1991. 短日照对烤烟多叶品种生长发育的影响. 中国烟草科学, (3): 37-40.

王彦荣. 2004. 种子引发的研究现状. 草业学报, 13(4): 7-12.

王彦荣, 刘友良, 沈益新. 2001. 种子劣变的生理学研究进展综述. 草地学报, 9(3): 159-163.

王蕴波, 李慧芬, 何立宗. 1993. 不同类型的烟草过氧化物同工酶研究. 吉林农业大学学报, 15(1): 31-33.

邬文锦, 王红武, 陈绍江, 等. 2010. 基于近红外光谱的商品玉米品种快速鉴别方法. 光谱学与光谱分析, 30(5): 1248-1251.

辛景树. 2004. 加强种子标准化工作促进种子产业可持续发展. 种子科技, (6): 315-318.

薛朝阳, 胡军祥, 徐军生. 2009. 种子包衣技术及其研究进展. 粮经栽培, (11): 5-6, 16.

阎富英. 2005. 国内外种子生活力和活力测定技术的最新进展. 种子, 24(6): 48-50.

颜启传. 2001. 种子学. 北京: 中国农业出版社: 283-292.

阳会兵, 周清明, 杨虹琦, 等. 2006. 烟草种子纯度检测方法研究进展. 作物研究, (5): 482-485.

杨本超, 肖炳光, 陈学军, 等. 2005. 基于 ISSR 标记的烤烟种质遗传多样性研究. 遗传, 27(5): 753-758.

杨春雷, 林国平, 杨久红, 等. 2009a. 烟草种子渗透调节技术及机理研究. 中国烟草学报, 15(2): 50-54.

杨春雷, 杨久红, 杨锦鹏, 等. 2009b. 渗调提高烟草种子抵御吸胀冷害能力的机理及应用研究. 中国烟草学报, 15(5): 24-27.

杨光圣, 员海燕. 2009. 作物育种原理. 北京: 科学出版社: 301-303.

杨铁钊. 2011. 烟草育种学. 北京: 中国农业出版社: 319-321.

杨永清, 汪晓峰. 2004. 种子活力与生物膜的研究现状. 植物学通报, 21(6): 641-648.

阴佳鸿, 毛培胜, 黄莺, 等. 2010. 不同含水量劣变燕麦种子活力的近红外光谱分析. 红外, 31(7): 39-44.

袁淑荣, 李志勇. 2000. 关于规范种子包装标识的几点建议. 种子科技, (4): 200.

张大鸣, 陈学平. 1994. 若干烟草品种子表面结构扫描电镜观察初报. 中国烟草学报, 2(2): 77-80.

张宏生, 崔淑君, 穆春生, 等. 2012. 小麦品种混杂退化原因及防杂保纯关键技术措施. 中国种业, 12: 79-80.

张进生, 张玲, 戴钢, 等. 2003. 中国种子标准化发展战略研究. 河南农业科学, 11: 23-26.

张丽霞. 2013. 浅析规范种子标签标注的重要性. 种子科技, 31(7): 58-60.

张万松, 王春平, 张爱民, 等. 2011. 国内外农作物种子质量标准体系比较. 中国农业科学, 44(5): 884-897.

张小全, 杨铁钊. 2010. 我国烟草种子生产技术与种子质量标准体系探讨. 种子, 29(5): 86-91.

张子仪, 陈雪秀, 任鹏. 1992. 近红外光谱分析技术. 北京: 农业出版社.

章美云, 韩碧文. 1992. 烟草薄层培养的花芽诱导和开花梯度的研究. 作物学报, (1): 17-22.

赵光武, 许芳忠, 钟泰林. 2011. 基于氧传感技术测定杉木种子活力的初步研究. 种子, 30(4): 4-7.

赵秀各, 樊祥勇, 朱叶, 等. 2009. 谈种子标签的规范标注. 现代农业科技, (2): 189-192.

周金仙. 2006. 烟草种子包装技术. 云南烟叶信息网 http://www.yntsti.com/.

周金仙. 2007. 烟草品种混杂退化原因分析及防杂保纯对策. 种子, (1): 71-73.

朱丽伟, 黄艳艳, 杨丽明, 等. 2011. 用近红外光谱法快速无损检测苦豆子和决明子单粒种子生活力的研究. 红外, 32(4): 35-39.

邹颉, 李世升. 2013. 烟草早期胚胎细胞观察方法研究. 南方农业学报, 44(12): 1963-1966.

Anuradha V, Alice K V, Malavika D. 2010. The subcellular basis of seed priming. General Articles, 99(4): 450-456.

Ashraf M, Bray C M. 1995. Seed Development and Germination. NY: Marcel Dekker: 767-789.

Callan N W, Mathre D E, Miller J B. 1990. Bio-priming seed treatment for biological control of *Pythium ultimum* preemergence damping off in sh2 sweet corn. Plant Disease, 74: 368-372.

Corbineau F, Ozbingol N, Vineland D, et al. 2000. Improvement of Tomato Seed Germination by Osmopriming as Related to Energy Metabolism. Seed Biology Advances and Applications: Proceedings of the Sixth International Work Shop on Seeds. Cambridge: CAB International: 467-474.

Dell'Aquila A, Tritto V. 1990. Aging and osmotic priming in wheat seeds: effects upon certain components of seed quality. Annals of Botany, 65: 165-171.

Delwiche R. 1998. Protein content of single kemel of wheat by near-infrared reflectance spectroscopy. Journal of Cereal Science, 27: 241-254.

Dowell F E. 2000. Differentiating vitreous and nonvitreous durum wheat kemels by using near-infrared spectroscopy. Cereal Chemistry, 77(2): 155-158.

Fu J R, Lu X H, Chen R Z, et al. 1988. Osmoconditioning of peanut (*Arachis hypogea* L.) seeds with PEG to improve vigour and some biochemical activities. Seed Sci and Tech, 16: 197-212.

Gao Y P, Young L, Smith B P. 1999. Characterization and expression of plasma and tonoplast membrane aquaporinsin primed seed of *Brassica napus* during germination under stress condition. Plant Molecular Biology, 40: 635-644.

Groot S P C, Soeda Y, Stoopen G, et al. 2004. The Biology of Seeds: Recent Advances. Cambridge: CABI: 279-287.

Gurusinghe S, Cheng Z, Bradford K J. 1999. Cell cycle is not essential for germination advancement in tomato. J ExP Bot, 50: 101-110.

Heydecker W, Higgins J, Gulliver R L. 1973. Accelerated germination by osmotic seed treatment. Nature, 246: 42-44.

Ilse K, Gerald K, Manfred H, et al. 2010. Noninvasive diagnosis of seed viability using infrared thermography. PNAS, 107(8): 3913-3917.

Isabelle C, Francoise C, Francois D, et al. 2000. Sugar beet seed priming: effects of priming conditions on germination, solubilization of 11-S globulin and accumulation of LEA proteins. Seed Science Research, 10: 243-254.

Job D, Capron I, Job C, et al. 2010. Identification of Germination Specific Protein Markers and Their Use in Seed Priming Technology. Seed Biology Advances and Applications: Proceedings of the Sixth International Work Shop on General Articles Current Science. Cambridge: CABI: 456.

Karine G, Claudette J, Steven P C G, et al. 2001. Proteomic analysi of *Arabidopsis* seed germination and priming. Plant Physiology, 6(126): 835-848.

Mudgett M B, Lowebsib J D, Clarke S. 1997. Protein repair L-isoaspartyl methyltransferase in plants: phylogenetic distribution and the accumulation of substrate proteins in aged barley seeds. Plant Physio, 115: 1481-1489.

Ozbingol N, Corbineau F, Grootb S P C, et al. 1999. Activation of the cell cycle in tomato (*Lycopersicon esculentum* Mill.) seeds during osmoconditioning as related to temperature and oxygen. Ann Bot, 84: 245-251.

Pill W G. 1995. Low water potential and presowing germination treatments to improve seed quality. *In*: Basra A S. Seed Quality.New York: Food Products Press: 319-359.

Portis E, Lanteri S. 1999. Relationship between β-tubulin accumulation and nuclear replication in osmoprimed *Capsicum annuum* L. seeds. Capsicum Eggplant Newsletter, 18: 87-90.

Powell A A, Yule L, Ding H C, et al. 2000. The influence of aerated hydration seed treatment on seed longevity as assessed by the viability equations. J Exp Bot, 51: 2031-2043.

Reese C D, Fritz V A, Dfleger F L.1998. Impact of pressure infusion of sh2 sweet corn seed with pseudomonas aureofaciens on seedling emergence. Hort Sci, 33(1): 24-27.

Rideout J W, Raper C D Jr, Miner G S. 1992. Changes in ratio of soluable sugars and free amino nitrogen in the apical meristerm during floral transition of tobacco. Int J Plant Sci, 153(1): 78-88.

Sheilow N W. 1986. 烟草的早熟开花. 农学文摘: 作物栽培, (1): 37.

Shinde P Y. 2008. Evaluation and Enhancement of Seed Quality in Cotton. New Delhi: Indian Agricultural Research Institute: 106.

Smith P T, Cobb B G. 1991. Physiological and enzymatic activity of pepper seeds (*Capsicum annuum* L.) during priming. Physiologia Plantarum, 82: 267-269.

Smith S E, Cobb B G. 1992. Physiological and enzymatic characteristics of primed, redried and germinated pepper seeds (*Capsicum annuum* L.). Seed Sci and Tech, 20: 503-513.

Soeda Y. 2005. Gene expression programs during brassica oleracea seed maturation, osmopriming and germination are indicators of progression of the germination process and the stress tolerance level. Plant physiology, 137(1): 354-368.

Soltani A, Lestander T A, Tigabu M, et al. 2003. Prediction of viability of oriental beechnuts, *Fagus orientalis*, using near infrared spectroscopy and partial least squares regression. Journal of Near Infrared Spectroscopy, 11(5): 357-364.

Sung F J M, Chang Y H. 1993. Biochemical activities associated with priming of sweet corn seeds to improve vigor. Seed Sci and Tech, 21: 97-105.

Taylor A G, Allen P S, Bennett M A, et al. 1998. Seed enhancements. Seed Sci Res, 8: 245-256.

Thornton J M, Collins A R S, Powell A A. 1993. The effect of aerated hydration on DNA synthesis in embryos of *Brassica oleracea* L. Seed Sci Res, 3: 195-199.

Tigabu M, Oden P C. 2004. Rapid and non-destructive analysis of vigour of *Pinus patula* seeds using single seed near infrared transmittance spectra and multivariate analysis. Seed Science and Technology, 32: 593-606.

Warren J E, Bennett M A. 2000. Bio-Osmopriming Tomato (*Lycopersicon esculentum* Mill.) Seeds for Improved Seedling Establishment. Wallingford: CABI Publishing: 477-487.

Yang P, Shunk R J. 2000. Protein coniine and viscosity of starch from wet-milled com hybrids as influenced by environmentally induced changes in test weight. Cereal Chemistry, 77(1): 44.

Zanewich K, Rood S B. 1995. Vernalization and gibberellin physiology on winter canola. Plant Physiol, 108: 615-621.

附　　录

烟草种子管理办法

（2014 年 12 月 29 日中国烟草总公司中烟办〔2014〕340 号文）

第一章　总　　则

第一条 为加强烟草种子管理工作，维护烟草品种选育者和种子生产者、经营者、使用者的合法权益，有效地推广应用优良品种，提高种子质量，推动种子产业化，促进烟草生产的持续发展，依据国家相关法律、行政法规和《中华人民共和国烟草专卖法》，制订本办法。

第二条 从事烟草品种选育、种子生产、经营、使用、进出口和管理工作的单位和个人，应遵守本办法。

第三条 本办法所称烟草种子，是指各种烟草类型的育种家种子、原种、良种及其繁殖材料。

育种家种子是指育种家育成的遗传性状稳定、特征特性一致的品种或杂交种亲本的最初一批种子。

原种是指用育种家种子繁殖的第一代及按原种生产技术规程生产的达到原种质量标准的种子。

良种是指用原种繁殖的第一代和杂交种达到良种质量标准的种子。

第四条 烟草种植应当因地制宜地使用优良品种。烟叶生产所需的烟草种子由当地烟草部门负责组织供应。

第五条 鼓励烟草育种、引种和繁种工作采用先进技术，提高烟草种子工作的科学技术水平；鼓励品种选育与种子生产、经营相结合，加强与完善种子产业化。

第六条 建立种子贮备和种质资源保存制度。原种、良种由中国烟叶公司组织有关单位贮备，种质资源由各级种质资源库保存。

第七条 中国烟叶公司负责具体管理全国烟草种子工作，省级烟草公司烟叶管理部门负责管理本行政区域内的烟草种子工作。

第二章　种质资源

第八条 本办法所指种质资源是选育烟草新品种的基础材料，包括烟草栽培种、野生种和濒危稀有种的繁殖材料，以及利用上述繁殖材料人工创造的各种遗传材料。

第九条 种质资源是国家战略性物资，属于国家所有，任何单位和个人不得侵占、破坏。

第十条 有计划地搜集、整理、鉴定、保存、交流和利用烟草种质资源，定期公布可供利用的种质资源目录和种质资源分类目录。中国烟草种质资源库对烟草种质资源进行集中保存，任何单位和个人有义务将持有国家未登记保存的烟草种质资源送中国烟草种质资源库登记保存。

第十一条 鼓励从境外引进烟草种质资源，但必须按照本办法第二十九条、第三十条、第三十一条规定办理并提供适量种子供保存和利用。

第十二条 与境外交换烟草种质资源，按照种质资源分类目录管理。

属于"有条件对外交换的"和"可以对外交换的"种质资源，经批准，可向境外适量提供，种子以 0.2 公顷播量为限。

属于"不能对外交换的"和未列入种质资源分类目录的种质资源不得对外提供。

第三章 品种选育与推广

第十三条 国家鼓励、支持单位和个人选育烟草新品种。中国烟草总公司及省级烟草公司扶持并组织有关单位进行烟草品种的选育及育种理论、技术和方法的研究。

第十四条 新品种推广前，由中国烟草总公司设立全国烟草品种审定委员会，负责组织全国品种试验、农业评审和工业评价并进行审定，颁发证书。具体审定办法另行制订。

审定通过的品种由中国烟草总公司公布，由各级烟草部门因地制宜进行推广种植并组织种子供应。

第十五条 严禁推广种植转基因烟草品种并对田间试验采取严格的安全控制措施。

第四章 种子生产与经营

第十六条 中国烟草总公司设立烟草种子繁殖基地、专业种子公司或委托烟草育种科研单位，负责烟草种子生产供应工作。从事烟草种子生产经营的单位，应当按照国家有关法律、行政法规的规定办理相关生产经营手续。

第十七条 烟草常规种原种种子、杂交种及其亲本种子生产应按照一次繁殖、分年使用的原则执行。烟草良种生产必须使用原种或其亲本种子进行繁殖。

第十八条 烟草种子生产经营单位应当具备下列条件：

（一）具有必要的隔离和培育条件的种子生产基地；

（二）具有与种子生产经营相适应的资金及承担民事责任的能力；

（三）具有与种子生产经营相适应的营业场所及生产、加工、包装、贮藏保管设施和检验种子质量的仪器设备；

（四）具有相应的专业种子生产、加工、检验和贮藏保管的技术人员；

（五）相关法律、行政法规规定的其他条件。

第十九条 生产经营的种子应当按有关标准及规程进行生产、加工、包装、贮藏运输。

经过药剂处理的种子，应当标明注意事项；药剂含有有毒物质的，应当注明有害物质的名称及含量并要附有警示标志，用红色标明"有毒"字样。

第二十条 烟草种子生产经营应当建立种子生产档案，载明生产地点、生产地块环境、前茬作物、亲本种子来源、亲本种子质量、技术负责人、田间检验记录、产地气象记录、加工、贮藏、运输和质量检测各环节的简要说明及责任人、种子流向等方面内容。

第五章　种子检验与检疫

第二十一条 烟草种子生产经营单位应当建立严格的种子质量检验制度，供应种子时应出具检验合格证，种子检验员应具有有关主管部门颁发的种子检验资格证书。

第二十二条 中国烟叶公司及省级烟草公司烟叶管理部门负责种子质量监督，委托有资质的种子质量检验机构对种子质量进行检验。

第二十三条 禁止生产经营下列烟草种子：

（一）质量低于国家标准及规定的；

（二）种子种类、品种、质量与标签标注内容不符的；

（三）有害杂草种子比率超过国家规定的。

第二十四条 种子购销双方对经销的每批（次）种子，应当共同取样封存，各自保留样品，以备发生种子质量纠纷时使用。封存样品至少保存一个生育周期。

第二十五条 从事品种选育和种子生产经营以及管理的单位和个人应当遵守国家有关检疫法律、行政法规的规定，防止烟草危险性病、虫、杂草及其他有害生物的传播和蔓延。

第二十六条 任何单位和个人从国（境）外引入或携带、邮寄烟草种子、种苗、花粉及其他繁殖材料都必须实施检疫。指定中国烟草育种研究（南方）中心负责在专用负压温室进行统一隔离检疫。具体引进手续和检疫工作按照国家有关法律、行政法规的规定执行。

第二十七条 严格烟草种子引进和检疫报备制度。任何单位和个人从国（境）外引入或携带、邮寄烟草种子、种苗、花粉及其他繁殖材料的，以及中国烟草育种研究（南方）中心隔离检疫报告，应当及时向中国烟叶公司报备。

第二十八条 通过贸易、科技合作、交换、赠送、援助等方式输入的烟草种子，应当在合同或者协议中订明中国法定的检疫要求并订明必须附有输出国家或者地区政府动植物检疫机关出具的检疫证书。

第二十九条 引进烟草品种隔离检疫合格后，方可进入田间试验。

第六章　种子进出口和对外合作

第三十条 从事商品种子进出口业务的法人和其他组织，应依照国家有关对外贸易法律、行政法规的规定取得从事种子进出口贸易的许可。

进出口烟草种子的审核、审批及管理，按照国家有关规定办理。

第三十一条 进口商品种子的品种应当是国内短缺而生产上急需的，且种子质量应当达到国家标准或行业标准。

第三十二条 境外企业、其他经营组织或者个人来我国投资烟草种子生产经营的，审批程序和管理办法由中国烟草总公司依照国家有关法律、行政法规规定执行。

第七章 罚 则

第三十三条 不具备本办法规定的烟草种子生产经营条件的，其生产经营的烟草种子，烟草部门不得在烟草生产上推广使用。违反本规定的，烟草种子管理部门应追究相关责任人的责任。

第三十四条 烟草行业设立或委托的烟草种子生产经营单位，不得生产或销售未拥有新品种知识产权或未经授权品种的种子。违反本规定的，烟草种子管理部门应追究种子生产经营单位和相关责任人的责任。

第三十五条 销售不符合质量标准的烟草种子或以次充好、掺杂使假的，当地烟草部门应责令其停止生产经营行为，直至取消其烟草种子生产经营资格，烟草种子管理部门追究有关责任人的责任。

第三十六条 在烟草种子生产基地做病虫害接种试验的，当地烟草部门要立即制止并向上级烟草部门报告，烟草种子管理部门追究相关责任。

第三十七条 私自从国（境）外引入烟草品种，未按本办法第二十九条、第三十条进行隔离检疫和报备而直接进入田间试验的，当地烟草部门要立即制止并向上级烟草部门报告，烟草种子管理部门追究有关责任人的责任。

第三十八条 对违反本办法的行业内直接责任者，按照干部管理权限由主管部门给予行政处分。构成犯罪的，由司法机关依法追究刑事责任。

第八章 附 则

第三十九条 有关省级烟草公司可依照本办法制订实施细则。

第四十条 本办法由中国烟草总公司负责解释。

第四十一条 本办法自印发之日起施行。

ICS 65.160
B 35

中华人民共和国国家标准

GB/T 21138—2007

烟草种子

Tobacco seeds

2007-10-16 发布　　　　　　　　　　　　　　　2008-01-01 实施

中华人民共和国国家质量监督检验检疫总局
中国国家标准化管理委员会　发布

前　言

本标准由国家烟草专卖局提出。

本标准由全国烟草标准化技术委员会（TC 144）归口。

本标准起草单位：中国烟草总公司青州烟草所。

本标准主要起草人：王志德、刘艳华、牟建民、戴培刚、贾兴华、罗成刚。

烟 草 种 子

1　范围

本标准规定了烟草种子的分级、质量指标及检测方法。

本标准适用于烟草种子的生产和销售。

2　规范性引用文件

下列文件中的条款通过本标准的引用而成为本标准的条款。凡是注日期的引用文件，其随后所有的修改单（不包括勘误的内容）或修订版均不适用于本标准，然而，鼓励根据本标准达成协议的各方研究是否可使用这些文件的最新版本。凡是不注日期的引用文件，其最新版本适用于本标准。

YC/T 20 烟草种子检验规程

YC/T 21 烟草种子包装

YC/T 22 烟草种子贮藏与运输

3　术语和定义

下列术语和定义适用于本标准。

3.1　烟草种子 tobacco seed

各种烟草类型品种的种子。

3.2　育种家种子 breeder's seed

育种家育成的遗传性状稳定、具有特异性、一致性的品种和最初一批种子。

3.3　原种 foundation seed

用育种家种子繁殖的第一代或按原种生产技术规程生产的达到原种质量标准的种子。

3.4　良种 certified seed

用原种繁殖的第一代或杂交种达到良种质量标准的种子。

3.5　品种纯度 varietal purity

品种在特征、特性方面典型一致的程度。

3.6　种子净度 seed cleanliness

样品中去掉杂质（石块、泥块等）及其他有生命杂质（杂草、异作物种子、病菌、害虫）后，净种子与试样的质量百分比。又叫种子的清洁度。

3.7　发芽率 germination rate

在规定的条件和时间内长成的正常幼苗数占供检种子数的百分率。

3.8　含水量 moisture content

种子中所含水分的量。测定种子含水量就是测定种子干燥后失去的质量。用失去的质量占种子湿重的百分率表示。

4 烟草种子分级

常规种是指通过自交方式生产的种子,分原种、良种;杂交种是指通过杂交方式生产的种子,分一级良种、二级良种;用于杂交制种的亲本(含不育系、保持系)为原种。

以品种纯度指标为划分种子质量级别的依据。常规种纯度达不到原种指标降为良种种子,达不到良种指标即为不合格种子。杂交种纯度达不到一级良种指标降为二级良种种子,达不到二级良种指标即为不合格种子,其亲本达不到质量指标即为不合格种子。

净度、发芽率、水分其中一项达不到指标的即为不合格种子。

5 烟草种子质量指标

见表1。

表1 烟草种子质量指标

项目	级别	纯度/%	净度/%	发芽率/%	水分/%	色泽	饱满度
常规种	原种	≥99.9	≥99.0	≥90.0	≤7.0	深褐、油亮、色泽一致	饱满、均匀
	良种	≥99.0					
杂交亲本	原种	≥99.9	≥99.0	≥90.0	≤7.0	深褐、油亮、色泽一致	饱满、均匀
杂交种	一级良种	≥98.0	≥99.0	≥90.0	≤7.0	深褐、油亮、色泽一致	饱满、均匀
	二级良种	≥96.0					

6 烟草种子检测

按照 YC/T 20 检测。

7 烟草种子包装

依据 YC/T 21 执行。

8 烟草种子贮藏与运输

依据 YC/T 22 执行。

ICS 65.160
X 87

中华人民共和国国家标准

GB/T 25240—2010

烟草包衣丸化种子

Pelleted seed of tobacco

2010-09-26 发布

2011-01-01 实施

中华人民共和国国家质量监督检验检疫总局
中国国家标准化管理委员会 发布

前　言

本标准是在 YC/T 141—1998《烟草包衣丸化种子》的基础上进行的修订。

本标准附录 A 为规范性附录，附录 B 为资料性附录。

本标准由国家烟草专卖局提出。

本标准由全国烟草标准化技术委员会农业分技术委员会（SAC/TC144/SC2）归口。

本标准起草单位：中国烟叶公司、玉溪中烟种子有限责任公司、云南省烟草农业科学研究院。

本标准主要起草人：刘建利、李永平、马文广、郑昀晔、宋利民、余砚碧、陈云松。

烟草包衣丸化种子

1　范围

本标准规定了烟草包衣丸化种子的定义、技术要求、检验方法及规程、包装与标识等。

本标准适用于烟草包衣丸化种子。

2　规范性引用文件

下列文件中的条款通过本标准的引用而成为本标准的条款。凡是注日期的引用文件，其随后所有的修改单（不包括勘误的内容）或修订版均不适用于本标准，然而，鼓励根据本标准达成协议的各方研究是否可使用这些文件的最新版本。凡是不注日期的引用文件，其最新版本适用于本标准。

GB/T 21138 烟草种子

YC/T 20 烟草种子检验规程

YC/T 22 烟草种子贮藏与运输

3　术语和定义

下列术语和定义适用于本标准。

3.1　烟草包衣丸化种子 pelleted seed of tobacco

用种衣剂包裹后形成丸粒化的烟草种子。

3.2　发芽势 germination energy

烟草包衣丸化种子发芽初期（7d）正常发芽种子数占供检包衣丸化种子数的百分率，用%表示。

3.3　发芽率 germination percent

烟草包衣丸化种子在发芽终期（14d）全部正常发芽种子数占供检包衣丸化种子数的百分率，用%表示。

3.4　含水量 moisture content

烟草包衣丸化种子样品中水分的质量占供检包衣丸化种子样品质量的百分率，用%表示。

3.5　有籽率 seed containing rate

烟草包衣丸化种子有裸种的粒数占被检验包衣丸化种子总粒数的百分率，用%表示。

3.6　单籽率 single seed rate

每粒烟草包衣丸化种子中只有单粒裸种的粒数占被检验包衣丸化种子总粒数的百分率，用%表示。

3.7　裂解率 splitting decomposition rate

烟草包衣丸化种子置于湿润滤纸上，3min 内包衣（种衣剂）裂解的粒数占供试包衣丸化种子总粒数的百分率，用%表示。

3.8 单粒抗压强度 single pellet compressive strength

平均每粒烟草包衣丸化种子所能承受的最大压力，单位为牛顿。

3.9 包衣丸化种子粒径 pelleted seed diameter

烟草包衣丸化种子的直径，单位为毫米。

3.10 均匀度 uniformity

符合粒径要求的烟草包衣丸化种子数占包衣丸化种子总试样的百分率，用%表示。

4 质量要求

4.1 用于包衣丸化的烟草种子质量要求应符合 GB/T 21138 中原种和一级良种的有关规定。

4.2 烟草包衣丸化种子技术要求见表 1。

表 1 烟草包衣丸化种子技术要求

指标	指标要求
发芽势/%	≥90.0
发芽率/%	≥92.0
含水量/%	≤3.0
单籽率/%	≥98.0
有籽率/%	≥99.0
裂解率/%	≥99.0
包衣丸化种子粒径/mm	1.6～1.8
单粒抗压强度/N	1.0～3.0
均匀度/%	≥95.0

5 检验方法

5.1 发芽势和发芽率

发芽势和发芽率的测定按 YC/T 20 的规定执行。

5.2 水分

水分的测定按 YC/T 20 的规定执行。

5.3 有籽率和单籽率测定

5.3.1 设备

a）培养皿；

b）滤纸；

c）细尖玻棒。

5.3.2 测定方法

将 100 粒烟草包衣丸化种子均匀地置于培养皿［5.3.1a)］内湿润滤纸［5.3.1b)］上，3min 后，用细尖玻棒［5.3.1c)］扒开包衣粉料，观察每粒包衣丸化种子内烟草裸种的粒数。有裸种的计入有籽率，只有单粒裸种的计入单籽率。有籽率和单籽率分别按式（1）和式（2）进行计算：

$$有籽率 = \frac{有籽粒数}{100} \times 100\%$$ （1）

$$单籽率 = \frac{单籽粒数}{100} \times 100\% \qquad (2)$$

5.4　裂解率测定

5.4.1　设备

同 5.3.1。

5.4.2　测定方法

取烟草包衣丸化种子 100 粒，均匀置于培养皿［5.3.1a)］内湿润滤纸［5.3.1b)］上，3min 后观察裂解情况，单籽裂解显示为包衣丸化种子开裂。裂解率按式（3）进行计算：

$$裂解率 = \frac{3\,min内包衣丸化种子裂解数}{100} \times 100\% \qquad (3)$$

5.5　单粒抗压强度测定

5.5.1　设备

颗粒强度测定仪，感量 0.1N。

5.5.2　测定方法

取烟草包衣丸化种子 100 粒，用颗粒强度测定仪（5.5.1）逐个测定包衣丸化种子被压碎时的最大压力，以牛顿为单位，精确到 0.1N。单粒抗压强度按式（4）计算：

$$单粒抗压强度 = \frac{100粒包衣丸化种子所能承受的最大压力之和}{100} \qquad (4)$$

5.6　包衣丸化种子粒径测定

5.6.1　设备

游标卡尺，精确度 0.1mm。

5.6.2　测定方法

取烟草包衣丸化种子 100 粒，用游标卡尺（5.6.1）测定每一粒包衣丸化种子的直径，计算平均值，以毫米为单位，精确到 0.1mm。

5.7　均匀度测定

5.7.1　设备

游标卡尺，精确度 0.1mm。

5.7.2　测定方法

取烟草包衣丸化种子 100 粒，用游标卡尺（5.7.1）逐个测定包衣丸化种子的直径，以毫米为单位，精确到 0.1mm，计算符合粒径要求的包衣丸化种子的百分率。均匀度按式（5）计算：

$$均匀度 = \frac{符号粒径要求的包衣丸化种子数}{100} \times 100\% \qquad (5)$$

6　检验规则

6.1　取样

从同批生产不同包装的不同部位分别取样，每次取出的种子为初次样品（样本少时初次样品即为送检样品）。

将各初次样品放到一个适当容器内混匀，即为混合样品（也称原始样品）。

从混合样品中取样，质量不少于 1000 g，即为送检样品。

检验方法按第 5 章执行，并填写包衣种子质量检验报告单，报告单格式见附录 A。

6.2　判定

6.2.1　发芽势和发芽率的合格判定

若测试的结果达不到表 1 的要求，则该批烟草包衣丸化种子发芽势和发芽率不合格。

6.2.2　水分的合格判定

取送检样品 10 g，重复测定三次，若其平均值达不到表 1 的要求，则该批烟草包衣丸化种子水分不合格。

6.2.3　有籽率和单籽率的合格判定

每样品取 100 粒，重复测定三次，取平均值。若测试结果达不到表 1 的要求，则该批烟草包衣丸化种子有籽率、单籽率不合格。

6.2.4　裂解率的合格判定

每样品取 100 粒，重复测定三次，取平均值。若测试结果达不到表 1 的要求，则该批烟草包衣丸化种子裂解率不合格。

6.2.5　包衣丸化种子粒径的合格判定

每样品取 100 粒，重复测定三次，取平均值。若测试结果达不到表 1 的要求，则该批烟草包衣丸化种子粒径不合格。

6.2.6　单粒抗压强度的合格判定

每样品取 100 粒测定单粒抗压强度，重复测定三次，取平均值。若测试结果达不到表 1 的要求，则该批烟草包衣丸化种子单粒抗压强度不合格。

6.2.7　均匀度的合格判定

每样品取 100 粒，重复测定三次，取平均值。若测试结果达不到表 1 的要求，则该批烟草包衣丸化种子的均匀度不合格。

6.3　复检

在检验时如有不符合技术要求的项目，应在同批样品中双倍抽样复检。复检按第 5 章和第 6 章进行。若复检全部合格，则该批烟草包衣丸化种子合格；若复检结果有一项及以上不合格，则该批烟草包衣丸化种子不合格。

7　包装与标识

7.1　包装

7.1.1　包装类型

袋装及箱装。

7.1.2　包装材料

聚酯（PET）（10 μm）、聚乙烯（PE）复合膜和纸箱板（3 mm）。

7.1.3　包装规格

用聚酯、聚乙烯复合膜袋装，集袋成箱。袋装容量 5000 粒，纸箱可装 300 袋。

7.2　包装标识

7.2.1　标识

以中国烟草（China Tobacco）的图案为标识，见图 1。

图1　中国烟草标识

7.2.2　标识内容

种子袋和纸箱外部要标明生产企业、执行标准编号、品种名称、生产日期和批次号等。纸箱内放入合格证及品种说明书。

7.3　品种说明书

应标注品种名称、品种简介，示意图参见附录B。

7.4　合格证

应标注品种名称、类别、检验员、日期和经营单位，加盖合格印章，示意图参见附录B。

7.5　包装袋封面

包装袋封面示意图参见附录B。

7.6　纸箱封面

纸箱封面示意图参见附录B。

8　运输

按YC/T 22规定执行。

附 录 A
（规范性附录）
包衣种子质量检验报告单

编号：

品种名称			产地		生产日期	
包衣丸化种子	含水量/%					
	单籽率/%	有籽率/%				
	裂解率/%	单粒抗压强度/N				
	均匀度/%	包衣丸化种子粒径/mm				
	发芽势/%	发芽率/%				
合格判定						

检验单位（盖章）：

检验员（签字）：

检验日期：

附 录 B
（资料性附录）
包装标识示意图

品种说明书设计示意图、合格证设计示意图、包装袋封面设计示意图、纸箱封面设计示意图见图 B.1、图 B.2、图 B.3 和图 B.4。

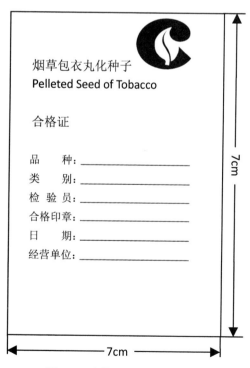

图 B.1 品种说明书设计示意图   图 B.2 合格证设计示意图

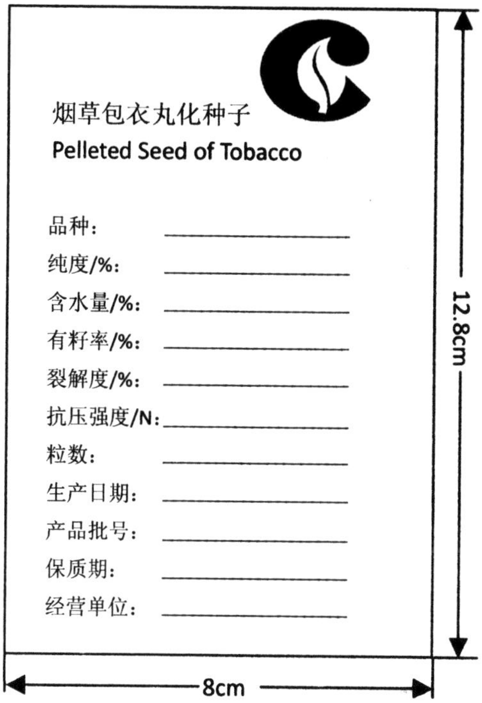

图 B.3　包装袋封面设计示意图

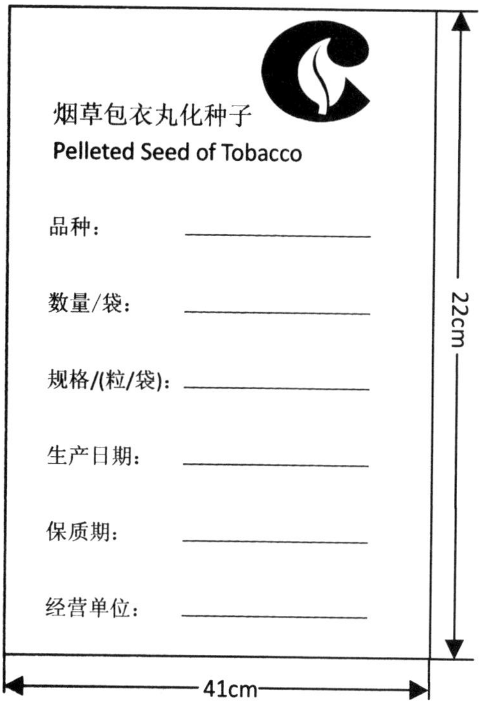

图 B.4　纸箱封面设计示意图

ICS 65.160
X 85
备案号：30424—2011

中华人民共和国烟草行业标准

YC/T 367—2010

烟草种子 雄性不育系种子生产技术规程

Tobacco seed—Code of practice for seed production of male sterile line

2010-12-01 发布　　　　　　　　　　　　2011-01-01 实施

国家烟草专卖局　　发布

前　言

本标准按照 GB/T 1.1—2009《标准化工作导则第 1 部分：标准的结构和编写》给出的规则起草。

请注意本文件的某些内容可能涉及专利。本文件的发布机构不承担识别这些专利的责任。

本标准由国家烟草专卖局提出。

本标准由全国烟草标准化技术委员会农业分技术委员会（SAC/TC 144/SC 2）归口。

本标准起草单位：云南省烟草农业科学研究院、玉溪中烟种子有限责任公司。

本标准主要起草人：马文广、郑昀晔、李永平、余砚碧、卢秀萍、晋艳、肖江海、牛永志。

烟草种子 雄性不育系种子生产技术规程

1 范围

本标准规定了烟草雄性不育系种子的定义、生产技术要求与规程。

本标准适用于烟草雄性不育系种子的生产。

2 规范性引用文件

下列文件对于本文件的应用是必不可少的。凡是注日期的引用文件，仅所注日期的版本适用于本文件。凡是不注日期的引用文件，其最新版本（包括所有的修改单）适用于本文件。

GB/T 21138 烟草种子

GB/T 25241.1 烟草集约化育苗技术规程第 1 部分：漂浮育苗

YC/T 20 烟草种子检验规程

YC/T 21 烟草种子包装

YC/T 22 烟草种子贮藏与运输

3 术语和定义

下列术语和定义适用于本文件。

3.1 雄性不育系 malesterile line

具有雄性不育特性的品种或品系。其雌性器官正常，雄性器官退化，没有花粉或花粉发育不正常，自交不结实，授以正常花粉即可受精结实。

3.2 保持系 maintainer line

可保持雄性不育系不育性的品种或品系。雌雄蕊发育正常，将其花粉授予雄性不育系的雌蕊，不仅可结成种子，而且播种后仍可获得雄性不育植株。

3.3 父本 male parent

有性繁殖时提供花粉的植株。烟草雄性不育系种子生产中即指保持系植株。

3.4 母本 female parent

有性繁殖时接受花粉的植株。在烟草雄性不育系种子生产中即指不育系植株。

3.5 烟草雄性不育系种子 tobacco malesterile line seed

以雄性不育系为母本，保持系为父本，授粉所产生的烟草种子。

3.6 人工授粉 artificial pollination

将父本花粉人工传授到母本柱头上的过程。

4 烟草雄性不育系种子生产技术

4.1 种源获取

用于雄性不育系种子生产的父母本种子质量应符合 GB/T 21138 对原种的规定。取种时父母本比例不大于 1 : 4。

4.2 繁种田选择

烟草雄性不育系种子生产田应与烟叶生产田隔离,所用田块三年内未种植与烟草有相同病原的植物,地势平坦、土质肥沃、肥力均匀、排灌方便、交通便利。繁种田周围无可能与烟草发生异交的植物。不同品种的繁种田间隔应大于 500m。

4.3 育苗

4.3.1 育苗按 GB/T 25241.1 规定执行。

4.3.2 烟苗应在专用育苗场地培育,父母本分池育苗。对每个漂浮池和漂浮盘进行亲本标记,苗床基质、肥料及用具均不应带有烟草种子。育苗量为繁种用苗量的 1.2 倍以上。

4.3.3 根据父母本的种性、栽培特性及当地气候特点适时播种。父本比母本宜早播种 15d～20d。

4.4 移栽

应适时、分批移栽,父本比母本宜早移栽 15d～20d。移栽到繁种田的父母本比例宜不大于 1 : 4,田间分区种植。烟株株距和行距宜为 55cm×120cm。移栽、补苗时应严防混栽其他品种的烟苗。

4.5 施肥

繁种田施肥量应根据土壤肥力确定,施肥量宜比当地烟叶生产施肥量高 20%～30%,$N : P_2O_5 : K_2O$ 质量比为 1 : (1.5～2.5) : (2.5～3.5)。

4.6 田间管理

应严格控制繁种田的杂草和病虫,及时中耕培土,保持排灌通畅。

4.7 去杂去劣

按照亲本特征特性严格筛选 4 次。初选在烟株现蕾前进行,选择具有该亲本典型性状且生长健壮的植株留种,淘汰病株、劣株。复选在现蕾期和中心花开放期各进行一次,淘汰杂株、劣株和病株。父本决选在采集花粉前进行,母本决选在种子采收前进行,淘汰病株。若田间品种纯度低于 95.0%,应全田淘汰,父本不应收集花粉,母本不应授粉留种。

4.8 花粉采集与保存

采集含蕾至花始开期的父本花药,自然晾干或于 25℃～30℃烘干至花药裂开。筛出花粉,自然晾晒或于 25℃～30℃烘干至含水量为 5.0%～7.0%。花粉密封置于 4℃下短期贮藏,或用冻存管封存于液氮中长期贮藏。

4.9 田间授粉

4.9.1 授粉准备

授粉前应摘除母本中心花和已开放的花朵。烟株保留 5～6 枝花枝,不留腋芽。

4.9.2 授粉

选含蕾至花始开期的母本花朵人工授粉。授粉时,去除花朵顶端花冠,露出花柱 1.0cm～1.5cm。用棉签蘸取花粉涂抹于柱头,以见一层均匀淡黄色花粉为准。授粉应避免损伤柱头和花柱。

4.9.3 授粉时间

授粉宜在 9:00～12:00 和 15:00～18:00 进行。雨天不授粉。

4.9.4 授粉批次

每株烟授粉 5 批～6 批次，共授粉 200 朵～220 朵花。

4.10 种株管理

授粉全部结束 2 d 后疏花，摘除未授粉花朵及花蕾。7 d 后疏果，摘除霉变及发育不良蒴果，每株烟留果数控制在 160 个～180 个。留种烟株不宜采收烟叶。授粉和种子成熟过程中对花果进行 3 次以上病虫害防治。

4.11 蒴果采收

蒴果褐熟后期逐果、分批采收，铺成薄层置于室内通风处后熟 2 d 后，晒干或于 25℃～30℃烘干。阴雨天收获的蒴果应先于 30℃～35℃下吹干水气，再后熟干燥。防止蒴果霉变，应及时清理霉变蒴果。

4.12 种子脱粒及包装

干燥后的蒴果经脱粒、精选、复晒，使种子含水量控制在 7.0%以下，包装入库贮藏。种子包装按 YC/T 21 规定执行。

5 种子检验

入库前种子按 YC/T 20 规定取样检验。

6 种子贮藏

种子贮藏按 YC/T 22 规定执行。

ICS 65.160
X 85
备案号：39029—2013

中华人民共和国烟草行业标准

YC/T 458—2013

烟草种子
介质花粉制备及应用技术规程

Tobacco seed—Code of practice for preparation and

application of medium pollen

2013-01-07 发布

2013-02-01 实施

国家烟草专卖局 发布

前　言

本标准按照 GB/T 1.1—2009 给出的规则起草。

本标准由国家烟草专卖局提出。

本标准由全国烟草标准化技术委员会农业分技术委员会（SAC/TC 144/SC 2）归口。

本标准起草单位：云南省烟草农业科学研究院、玉溪中烟种子有限责任公司。

本标准主要起草人：马文广、卢秀萍、郑昀晔、李永平、余砚碧、牛永志、索文龙、邓盛斌。

引　　言

本文件的发布机构提请注意，声明符合本文件时，可能涉及到第 6 条与国家发明专利"一种介质花粉及其制备方法和应用"、"一种固体介质花粉及其制备方法和应用"、"一种烟草花粉介质及其制备方法和应用"和"一种烟草复合花粉介质及其制备方法和应用"相关的专利的使用。本文件的发布机构对于该专利的真实性、有效性和范围无任何立场。

该专利持有人已向本文件的发布机构保证，他愿意同任何申请人在合理且无歧视的条款和条件下，就专利授权许可进行谈判。该专利持有人的声明已在本文件的发布机构备案。相关信息可以通过以下联系方式获得：

专利权人：云南省烟草农业科学研究院、玉溪中烟种子有限责任公司。

地址：云南省玉溪市南祥路 14 号。

请注意除上述专利外，本文件的某些内容仍可能涉及专利。本文件的发布机构不承担识别这些专利的责任。

烟草种子 介质花粉制备及应用技术规程

1 范围

本标准规定了烟草介质花粉制备的技术要求、参数及应用技术。

本标准适用于烟草杂交育种、雄性不育系和杂交种种子的繁殖生产。

2 规范性引用文件

下列文件对于本文件的应用是必不可少的。凡是注日期的引用文件，仅所注日期的版本适用于本文件。凡是不注日期的引用文件，其最新版本（包括所有的修改单）适用于本文件。

GB/T 25241.1 烟草集约化育苗技术规程第 1 部分：漂浮育苗

YC/T 367 烟草种子雄性不育系种子生产技术规程

3 术语和定义

下列术语和定义适用于本文件。

3.1 供粉烟株 tobacco pollen donor

杂交制种过程中提供花粉的烟草植株。

3.2 受粉烟株 tobacco pollen receptor

杂交制种过程中接受花粉的烟草植株。

3.3 花粉介质 pollen medium

用于稀释花粉的物质。

3.3.1 单一花粉介质 unitary pollen medium

由一种物质制备而成的花粉介质。

3.3.2 复合花粉介质 compound pollen medium

由两种或两种以上物质制备而成的花粉介质。

3.4 介质花粉 medium pollen

花粉介质与花粉按照一定比例制备成的均匀混合体。

注：根据花粉介质类型，可分为单一介质花粉和复合介质花粉。

3.5 介质花粉授粉 pollination with the medium pollen

将介质花粉传授到受粉烟株柱头上的过程。

4 供粉烟株的种植与选择

4.1 供粉烟株的种植

供粉烟株育苗按 GB/T 25241.1 规定执行。壮苗移栽，株距为 55 cm、行距为 120 cm，种植面积为受粉烟株种植面积的 15%～20%。移栽、补苗应采用同一品种烟苗。施肥量根据土壤肥力及品种需肥特性确定，N∶P_2O_5∶K_2O 质量比为 1∶（1.5～2.5）∶（2.5～3.5）。

4.2　供粉烟株的选择

选择品种特征特性表现一致，且健壮无病的烟株作为供粉烟株。在烟株现蕾前进行初选，在现蕾期或中心花开放期进行复选，在采集花粉前（1～2）d 进行决选，淘汰杂株、劣株和病株。

5　花粉、花粉囊和柱头的采集

5.1　花粉和花粉囊的采集

采摘供粉烟株含蕾期至花始开期的花朵，收集花药，自然晾干或于（25～30）℃烘干至花药裂开。用孔径为（300～350）μm 的筛子筛分出花粉和花粉囊，分别自然晾晒或于（25～30）℃烘干，花粉含水量为 5.0%～7.0%，花粉囊含水量小于或等于 5.0%。花粉的贮藏按 YC/T 367 规定执行。花粉囊于 4 ℃环境下密封干燥保存，贮藏时间不超过 1 年。

5.2　柱头的采集

将收集花药后的花朵置于室内通风处晾置24 h 后，剪下柱头，自然晾晒或于（25～30）℃烘干至含水量小于或等于 5.0%，于 4 ℃下密封干燥保存，贮藏时间不超过 90 d。

6　花粉介质的选择与制备

6.1　花粉介质的选择

选择对花粉和柱头无伤害、对花粉萌发及受精过程无负面影响的物质作为花粉介质。

6.2　单一花粉介质的选择与制备

单一花粉介质宜为淀粉、花粉囊或柱头，在种子繁殖生产中通常采用淀粉介质或花粉囊介质。淀粉介质选择医用级可溶性淀粉。花粉囊和柱头介质使用前需磨碎至细粉状，粒度为（50～300）μm，含水量小于或等于 5.0%。花粉囊和柱头介质仅适用于同源亲本的介质花粉制备。

6.3　复合花粉介质的选择与制备

复合花粉介质可选用两种或两种以上单一花粉介质，均匀混合。在种子繁殖生产中，可溶性淀粉和花粉囊质量比通常为 2∶1，可溶性淀粉和柱头的质量比通常为 4∶1。

7　介质花粉的制备与贮藏

7.1　介质花粉的制备

将介质与花粉均匀混合制备成介质花粉。单一花粉介质或复合花粉介质与花粉质量比为 1∶（0.5～4）。在种子繁殖生产中，单一花粉介质与花粉的质量比通常为 1∶2，复合花粉介质与花粉的质量比为 1∶1。

7.2　介质花粉的贮藏

介质花粉宜现配现用。如需贮藏，则在 4 ℃环境下密封干燥保存不超过 90 d。

8　介质花粉的授粉

选择受粉烟株含蕾期至花始开期的花朵进行人工授粉。授粉时，去除花朵顶端花冠，露出花柱（0.5～1.0）cm。用棉签蘸取介质花粉均匀涂抹柱头，避免损伤柱头和花柱。授粉准备、授粉时间、授粉批次、种株管理按 YC/T 367 的规定执行。

ICS 65.160
X 85
备案号：30425—2011

YC

中华人民共和国烟草行业标准

YC/T 368—2010

烟草种子　催芽包衣丸化种子
生产技术规程

Tobacco seed—Code of practice for coating and

pelleting of pregerminated seed

2010-12-01 发布

2011-01-01 实施

国家烟草专卖局　发布

前　言

本标准按照 GB/T 1.1—2009《标准化工作导则第 1 部分：标准的结构和编写》给出的规则起草。

请注意本文件的某些内容可能涉及专利。本文件的发布机构不承担识别这些专利的责任。

本标准由国家烟草专卖局提出。

本标准由全国烟草标准化技术委员会农业分技术委员会（SAC/TC 144/SC 2）归口。

本标准起草单位：云南省烟草农业科学研究院、玉溪中烟种子有限责任公司、湖北省烟草科学研究所、湖北省烟叶公司、中国烟草中南农业试验站。

本标准主要起草人：李永平、马文广、杨春雷、郑昀晔、余砚碧、赵松义、陈云松、胡卫东、杨锦鹏、梅东海。

烟草种子　催芽包衣丸化种子生产技术规程

1　范围

本标准规定了烟草催芽包衣丸化种子生产加工工艺流程。

本标准适用于烟草包衣丸化种子的生产。

2　规范性引用文件

下列文件对于本文件的应用是必不可少的。凡是注日期的引用文件，仅所注日期的版本适用于本文件。凡是不注日期的引用文件，其最新版本（包括所有的修改单）适用于本文件。

GB/T 21138　烟草种子

GB/T 25240　烟草包衣丸化种子

YC/T 22　烟草种子贮藏与运输

3　术语和定义

下列术语和定义适用于本文件。

3.1　催芽 pregermination

在一定的光、温、水、气条件下，用物理、化学方法促使种子集中、整齐萌发，达到胚根突破种皮（露白）的过程。

3.2　引发 priming

通过控制种子缓慢吸水，使种子停留在吸胀阶段，促进细胞膜、细胞器、DNA 的修复和酶的活化，使之处于准备发芽，但胚根未突破种皮的过程。

3.3　包衣丸化 coating and pelleting

用种衣剂将种子包裹至特定粒径成丸粒状的过程。

3.4　烟草裸种 raw seed of tobacco

未经种衣剂包衣丸化加工包裹的烟草种子。

3.5　烟草催芽包衣丸化种子 pregerminated and pelleted seed of tobacco

将催芽或引发后的烟草裸种，用种衣剂包衣丸化加工而成的烟草丸化种子。

4　种子催芽和引发

4.1　种子准备

用于催芽或引发处理的烟草裸种质量应符合 GB/T 21138《烟草种子》中原种或一级良种的规定。

4.2　种子漂选

25 ℃下用清水浸泡裸种 3 h，裸种与清水质量比为 1∶3，取沉于水底的裸种。

4.3　种子消毒

25 ℃下用 10 g/L 的 $CuSO_4$ 溶液浸泡裸种 20 min～25 min，裸种与 $CuSO_4$ 溶液质量比为 3∶2。取沉于溶液底部的裸种，用清水洗净，滤干。

4.4　清水催芽

经 4.3 消毒处理的裸种用清水浸泡进行催芽处理，裸种与清水质量比为 1∶3。催芽温度为（25±2）℃，全光照，照度为 1000 lx，催芽时通入空气，每千克裸种的空气通量为 0.5 m^3/h。裸种催芽 32 h～38 h 露白后，滤干。

4.5　引发

4.5.1　赤霉素引发

经 4.3 消毒处理的裸种用 50 mg/L 的赤霉素溶液浸泡进行赤霉素引发处理，裸种与赤霉素溶液质量比为 1∶3。引发温度为（25±2）℃，全光照，照度为 1000 lx，引发时通入空气，每千克裸种的空气通量为 0.5 m^3/h。裸种引发 20 h～24 h 后，用清水洗净，滤干。

4.5.2　聚乙二醇引发

经 4.3 消毒处理的裸种用 100 g/L 的聚乙二醇溶液浸泡进行聚乙二醇引发处理，裸种与溶液质量比为 1∶10。引发温度为（15±2）℃，全光照，照度为 1000 lx，引发时通入空气，每千克裸种的空气通量为 0.5 m^3/h。裸种引发 65 h～70 h 后，用清水洗净，滤干。

4.6　回干

催芽后的裸种在 25 ℃下风干 4 h。引发后的裸种在 35 ℃下风干至原始含水量。风干时，将裸种摊成厚度为 0.5 cm～1.0 cm 的薄层。

5　种子包衣丸化加工

5.1　造粒

将回干后的裸种倒入包衣机，喷雾黏合剂湿润种子表面。加入质量为 3.5%～5.0% 裸种质量的种衣剂，不断搅拌使之包裹于种子表面，形成微小丸粒状。

5.2　一次丸化

每次加入质量为 20%～50% 裸种质量的种衣剂，喷雾黏合剂，不断搅拌，使丸化种子粒径逐渐增加至 1.00 mm～1.25 mm。

5.3　二次丸化

每次加入质量为 20%～50% 裸种质量的种衣剂，喷雾黏合剂，不断搅拌，使丸化种子粒径逐渐增加至 1.60 mm～1.80 mm。

5.4　丸化种子筛选

包衣丸化过程中，用筛选设备筛选丸化种子 2 次～3 次，统一丸化种子粒径为 1.60 mm～1.80 mm。

5.5　抛光

包衣机中加入质量为 35%～50% 裸种质量的种衣剂，与达到粒径要求的丸化种子均匀搅拌 20 min～30 min，使其表面光滑圆润。

5.6　上色

包衣机中加入色料，均匀染色包衣丸化种子 5 min～10 min。不同品种的种子可匹配不同色料染色。

5.7 种子干燥

上色后的包衣丸化种子摊薄至 3.0 mm～5.5 mm，35 ℃下风干至含水量小于 3.0%，即得催芽包衣丸化种子成品。

6 种子质量及检验

按 GB/T 25240 规定执行。

7 包装与标识

按 GB/T 25240 规定执行。

8 贮藏与运输

按 YC/T 22 规定执行。

(S-1361.01)

ISBN 978-7-03-051581-0

9 787030 515810 >

定价：168.00 元